やってよかった集落営農

ホンネで語る 実践20年のノウハウ

上田栄一

まえがき

前著『みんなで楽しく集落営農』を出版して19年が経過し、多くの人に読んでいただきました。

私の住む集落、滋賀県犬上郡甲良町法養寺に視察に来ていただいたり、全国に講演に出向いたりした回数は、合計で1,000回を超えたのではないかと思います。これは決して自慢話ではなく、日本中で「我が家の農業を維持するのに困っている農家」がいかにたくさんあるのかということなのです。

もはや「零細農家の個人完結農業の時代は限界を超えてしまった」のです。

集落営農を実践して21年が経過しました。この間、法養寺の農家は個人で農業機械を買うことはありませんでしたし、重労働にかり出されることもありませんでした。我が家で農機具を維持管理することも格納する必要もありませんでした。法人化してからは水田の全面受託も引き受け、集落のすべての水田では稲作か集団転作の小麦や大豆が栽培され遊休農地は全くありません。家庭の事情で農業ができなくなっても何の心配もありません。本当に「集落営農をやって良かった」というのが実感です。

さらに法人化してからハウス園芸にも取り組み、当初の「儲からないけど損をしない農業を」という守りの発想から、今では「攻めの農業」に発展しています。従事者は農業の好きな仲良し５人が毎日楽しく農作業に励んでいます。儲からない農業のなかにあっても、わずかながらも収益を分配しています。

毎日が楽しいし、やりがいを感じています。バイオ炭（土壌改良資材としての炭）を使った農作物栽培に取り組んでからは「味がよい」と大好評で、消費者の方々に大変受けていて、私たちのモチベーション向上にもつながっています。さらに新たな農産物生産にも挑戦したいと考えています。

ほとんどの集落で集落営農組織ができている甲良町で「甲良集落営農連合協同組合」という法人を設立して米の有利販売に取り組んでいます。一つの組織ではたいしたことはできませんが、７組織が結集すると大型スーパーとも交渉ができます。併せて甲良町内の集落がより連携を強化し情報交換が広がっていますが、そのことで仲間の輪が拡大していることも楽しいことです。このような仲間で「園芸生産に挑戦！」という気運も高まってきて楽しみがますます拡大していきそうです。

滋賀、富山、島根など集落営農が進んでいる県がある反面、まだまだこれからという県がほとんどです。園芸や果樹などの専業農家地域でも基本的に水田がありますが、せっかく稼いだ農業収入を稲作の機械に投入していたのでは、決して「強い農業」につなげることはできません。私は、日本全国どこでも集落営農を実現しなければ、将来の農業はあり得ないと思っています。

ほとんどの農家は「このままではいけない、何とかしなければ」と思っているのですが、かといって集落内の合意形成は容易には進みません。その理由は、現在個々が所有する機械をどうするのか、大金を要する初期投資をどうするのか、はたして経営はうまくいくのか、など不確定な要素が多すぎるからなのです。

本書は、20年を超える集落営農の実践をもとに、その経緯や集落営農実践の方法論をできるだけ具体的に示して、日本全国の「我が家の田を維持するのに困っている農家」の皆さんに参考にしていただきたいという思いで書き上げました。その一部は私が普及指導員としての現職時代に、全国の普及指導員の皆さんに参考にしていただけたらという思いで、「ＥＫシステム」に投稿したものです。

「集落営農を実践して本当に良かった！」と思っていますが、ぜひ多くの皆さんにも体験していただきたいのです。そして単なる「先祖伝来の水田の維持管理」に留まらず、集落のみんなで前向きで楽しい農業へと発展させることです。併せて「明るく住みやすい村づくり」にもつなげ、若い人が喜んで村に居つき、進んで農業に参画してもらうことが集落営農の本当の目的だと思います。

もくじ

1 集落営農とは？

最近、農業分野で「集落営農」という言葉がよく使われるようになってきました。ところがこの言葉の定義が使う人によってまちまちなのではないかと思うようになりました。ある人は集落ぐるみで特産物を育成することだとしたり、別な人は集落内の女性グループに農産物加工をさせて直接販売をすることだとしたり、また水稲直播栽培技術の導入や、大豆の狭条無培土技術の導入などを行うことだとしたり……。これらを推進することがはたして集落営農なのでしょうか。私はそうではないと思います。

1-1 少人数で集落の農地を維持管理するしくみづくり

私は集落で大型機械を共同導入してオペレーターによる作業受託をする「法養寺営農組合」を13年間経験して、その後「農事組合法人サンファーム法養寺」に発展させ８年が経過しました。この間、組織内の農家には個人所有のトラクターや田植機、コンバインは１台も導入されませんでしたし、農舎も１棟も建てられませんでした。オペレーターも60代を中心に５人に絞り込まれ、それ以外の人は全く農作業にかり出されることもなくなりました。

滋賀県犬上郡甲良町法養寺では20年間、農業機械や施設に無駄な金を投入してこなかった、ということは、いかに得をしてきたのか。さらに、農作業をやりたくないという人にとって、全くしなくてもよくなったということは、いかに快適な農村暮らしができているということではないかとも言えます。

５人に絞られたオペレーターはみんな農業が好きで、いつも楽しく農作業に携わっています。しかもキャビン付きエアコン完備の最新型トラクターやコンバイン、田植機は８条植え施肥機付きです。まさに「かっこいい農業」を実践しているのです。

水田はきちんと管理された水稲と、集団ブロックローテーションの転作で小麦と大豆を栽培し、遊休農地は全くありません。

このように集落営農とは、個々の農家が農業に金をかけない、農業で苦痛を感じないなかで、少ない人数できちんと集落の農地を維持管理することだと言えます。

1-2 個人完結の農業はもう限界を超えている

たかだか100万円の売上もない零細な農家が、200万円から300万円を超える農業機械を買いそろえて先祖伝来の農地を後生大事に守っているのが実態ではないでしょうか。しかもその従事者は10年先はおろか、５年先までも持たない高齢者に支えられているのです。

農村に暮らす人なら「何とかしなければ村の将来はどうなる」ぐらいなことはわかっているのですが「どうすればいいかがわからない」。「みんながどうしようと考えているかわからない」というなかで、ただ毎日が過ぎ去っているのが現状なのでしょう。

問題は、我が家のことを考えると「まだ２、３年は何とかなるから自分から切り出すのはやめておこう」とみんなが思っているからなのです。しかし一方で、急におじいちゃんが農業ができなくなった、まだ使えると思っていたコンバインが壊れてしまった、という人は大規模農家に預けたり、遊休農地にしてしまったりしてしまうのです。つまり「集落営農の話し合いの場」に来なくなる農家を増加させることになっているのです。

「集落営農の話はどんなときに切り出すのがいいか？」という質問をよくいただきますが、私は即座に「今すぐです」と答えます。話を先延ばしにして良いことは何もありません。５年先、10年先の集落の農業がどうなっているかを考えて「何とかしなければ継続できない」のなら、絶対に集落営農の検討に入らなければなりません。

例えば「集落には大規模稲作農家がいるから自分ができなくなったらその人にやってもらう」という話をよく聞きます。しかしその大規模農家がまだ規模拡大を目指しているのならいいのですが、「もう我が家の規模もこれで限界」と思っているな

ら引き受けてもらえません。それに大規模農家も「生身の人間」なのですから、どんな事情で経営断念となるかわかりません。理想として、同じ集落内に大規模稲作農家と集落営農が並立して存在し、両者が相互に助け合える関係を築くのが最もいいと言えます。

コラム　1

今のままで農業が継続できますか？

我が家の田を我が家で維持していると、決まって従事者は高齢者ばかりになってしまいます。もうちょっと楽できる機械を買おうとすると、目ん玉が飛び出るほど高額。息子に代わってほしいと思っても夜遅くしか帰ってこないし、たまの休みも出かけてしまう。もしくは都会に出てしまって定年まで帰ってこない。「誰か信頼できる人に田を預かってほしい」と思うのだけれど、やってくれる人は誰もいない。しかし、先祖伝来の大切な財産である田を売り払うことはできない、というのが実態です。

集落で「この先、農業をどうするか」というアンケートをとると、７～８割が「現状維持」と答えます。しかし「農業を維持するのに困っていることは？」との問いには、高い機械代、低迷する米価などの金銭的問題、高齢化して継続できない、勤めが大事なので農業のために休めないなど肉体的問題、農業のことで気を取られたくない、農繁期になるとケンカが絶えないなどの精神的問題等々、限界をとっくに超えてしまった現状が浮き彫りになります。

とにかく「今のままでは、この先、我が家の田は維持できない」ことに集落のみんなが理解し納得しなければなりません。そして、少なくとも集落のみんなが「知恵と力と金を出し合って、集落の全ての田を、お金をかけずに、えらい目をせず、楽しく守っていこう！」ということで一致団結すること、これが集落営農を構築するための出発点です。

集落営農の最大の目的は「個人完結の農業では継続できない、かといって集落の農地を荒らすこともできない、だから集落ぐるみで助け合いながら先祖伝来の農地を守っていこう」ということであり、そういった集落合意ができたら集落営農は半分できたと言っても過言ではないと思います。

1-3 農業の合理化だけが目標ではない

農村の取り決めは、かなり以前に取り交わされたものが今でも生きているということが少なくありません。とくに神事や仏事、冠婚葬祭などではかなり詳細な取り決めがあることは多いものです。例えば私の集落では、戦後の貧農で食糧難であった頃に「せめてもの楽しみに」ということで、なけなしの金を出し合って伊勢参りを目標に、好き寄りで「伊勢講」を起こし、年に１回講員の自宅持ち回りで講を設けることがありました。私の祖父の代で講が起き、50年以上経ってもなお継続されてきたもので、孫の私は「なぜこのメンバーで？」「いまどき伊勢参りを？」「今時、各家持ち回りの宴会をするのか？」と思いましたが、継続しなければならないものとして堅く守りとおされてきたのです。あるとき「50年を経過したこの機会に発展的解消を」と提案したとき、満場一致で可決され解消となりました。結局みんなは、いやいや、しょうがなくつきあってきたのです。激怒されるのを覚悟で提案したらみんなから褒めてもらえたのです。

農村の取り決めは、今の時代にはふさわしくないものや理由もわからずただ継続ありきで維持されているものは少なくありません。「そんな

ことを強いられるのなら」という理由で都市部に暮らす若夫婦も少なくありません。大切なことは、いかに若い人が喜んで農村に暮らし、進んで農業に参画してくれるのか、という状況を早く作るのかということなのです。

集落営農の大きな目的は「明るく住みやすい村づくり」なのです。

1-4 明るく住みやすい村づくり

農村集落に入ると、農業に従事しているのは60～70代の高齢者が大半です。そして必ず「うちの集落の若い者は農業をしようとしない」と言われます。

はたして若い人が農業を嫌っているのでしょうか？　もしかしたら「年寄りからあれこれやかましく指図される農業を嫌っている」とは言えないでしょうか。

農村の今日までの取り決めは、ずいぶん以前から守り続けられているものです。高度経済成長期を過ぎ、社会情勢は大きく変化しているのに「村のおきて」は前近代的なままではないでしょうか？

ときどき感じるのですが、村の40～50代にとっては、昼間は流行のスーツを着て出勤し、夜になると「かみしも」を着て頭にちょんまげを乗せて村の寄り合いに行く……ような感覚があります。もしかしたらそれもやらないで、村の寄り合いの出席は年寄りだけに任せておくことも多いのでしょう。

村の寄り合いは年寄りが大半です。若い人が出席していても容易には発言しません。下手な発言をして「役」を当てられては大変とばかりに、ひたすら「忍従の時間経過」に耐えるだけです。それに対して、もう役が当たらない年配層はどんなことでもしゃべりまくります。「そんな話はこの会議に関係ない」ことでも延々と持論を展開することも少なくありません。考えてみれば、職場では定年があって一定年齢以上の人はいないのに、村では生きている間は一人前なのです。

40～50代の中堅層にとって、村の生活は極めて住みづらいものとなっているのです。集落営農の構築も大切ですが、実は旧態依然たる「村のおきて」を変えることも重要なのです。

中堅層が中心になって「村づくり委員会」みたいなものを組織して「村のおきて」を全てリセットし、集落のみんながおきてに拘束されることなく、明るく楽しく前向きな仕組み作りをすべきなのでしょう。

そういった話し合いの中から「農業の継続も大変だ。何とか集落のみんなが知恵と力と金を出し合って、金がかからない、重労働も気苦労もない農業に変えていこう！」という場づくりをすることが基本なのです。

1-5　若い人が中心になって検討しよう

農村の役員は定年退職以後の年配者が中心となることが多いものです。中には70代で役員に選出されることも珍しくありません。はたしてこのような年配の人々に私たちサンファーム法養寺が使っているような大型高性能機械を導入する発想があるのか。おそらく無理でしょう。

「でも現役員を中心に集落営農を考えなければならない」ということになってしまうのです。

10条田植機に乗る青年オペレーター

では、どうすれば若い人が入ってくれるのか？　私は集落の40代から50代前半の若い人で「○○集落の将来を考える会」という組織を作って若い人の組織化を図ることだと思います。若い人は「このままでは集落の将来はどうなるのか」という心配はしていますが、「自分は勤めの身なので多忙な役員はできない」と思っています。だから集落営農を立ち上げるための検討には参加して、集落営農ができたら休日のオペレーター作業は引き受けるということで十分なのです。

会社勤めの人なら組織の合理化やコスト削減も十分に理解できます。パソコンを駆使することも可能ですから資料作成も難なくこなしてくれます。自分の子どもが困るような集落の不合理な取り決めも修正して住みやすい村づくりにもつなげてくれるでしょう。

年配者は若い人の取り決めを尊重し、側面的に支援し、日常は積極的に協力すべきです。決して若い人に嫌われることのない配慮が必要です。

コラム　2

若い人が運営に関わろう！

集落営農組織の運営は、一般的に「定年退職者」が中心に考えられます。

しかし、本当は40代あたりで運営すべきです。「そんな年代は会社勤めで大変だから年配者が運営する」というのが普通です。

40代は勤め先でも「管理職」とか職場のまとめ役として、とても休暇を取って農業に従事することはできないのは当然です。しかし「我が家の田んぼを放ってはおけない」のも事実です。そのような年代なら「少々金がいるのなら出す」「極力、大型機械でスピーディーに」「できるだけ快適な機械で」というように、合理化しようと考えられる年代なのです。

おそらく年配者が考える集落営農は、個人完結の農業からちょっと大型化した発想で考えられます。たとえば２条刈コンバインを３条刈に、といった程度ですが、若い年代なら５条もしくは６条、さらには汎用コンバインにと考えます。サンファーム法養寺では５条コンバインを使っていますし、田植機は 10 条植えです。このような大型機械を導入すれば、実際の作業はほとんど人手がいりません。田植えなら３～４人いれば十分ですし、刈り取り作業なら２人いればそれ以上の人手はいりません。それでも小さな機械の２倍も３倍もの仕事がこなせるのです。

大きな機械を導入するから人手が少なくて済む、しかも作業は快適という状況が作れるのです。

それから年配者は「そんな大きな機械は運転できない」と言うでしょう。それがいいのです。だから「集落営農ができた！」ということは機械が新しくなった、そのうえ従事者も若返ったという状況にしなければならないのです。つまり集落営農は「集落農業の世代交代」なのです。

現在の大型機械は驚くほどの作業をこなしてくれます。若い人は「こんな作業なら１日ぐらい休んで出役してもいい」と思いますし、「こんな農業なら継続できる」と実感できます。

サンファーム法養寺では 20 ～ 30 代の２名の若者が、農繁期には手伝ってくれています。彼らには大型機械の運転を任せます、60 代の従来のオペレーターは下働きをしています。若者に聞くと「機械の運転だけだから楽しい。それに時給 2,000 円は大きな魅力」と言います。法養寺では高齢者の人が農業に従事すること

5条キャビン付きコンバイン

10条田植機

はなくなりました。それでは「年寄りの生き甲斐がなくなる」ということで文句が来るのか？　いいえ、今まで一度も文句を聞いたことはありません。結局「信頼を得られる作業をしてもらっているから安心して任せておける」という状況を作っているから、お年寄りは農作業をかまおうとはしないのです。

法養寺のようになれば、20 ～ 30 年先まで集落の農業は維持できると確信できます。しかし 60 ～ 70 代が運営するような集落営農なら「5 年先にはどうするのか」「10 年も持つか」という問題をいつも抱えていかなければならないのです。しかも「若者が寄りつかない農業」を定着化しようとしているのです。

1-6 先進地研修に行ってみよう

すでに立派な活動を行っている集落営農の先進地研修もしてみましょう。滋賀県では約半数（約 800 集落）が何らかの集落営農を実施しています。最も多いのが麦や大豆の集団転作の機械の共同化、協業化ですが、水稲作業の受託、最近では水稲の全面受託をしている集落一農場タイプも少なくありません。20 年前、滋賀県が集落営農を推進しはじめた頃は、集落営農がいいのか、しないほうがいいのかの議論はありましたが、今となっては「集落営農ができていないのは恥ずかしい」というのが主流の声でしょう。

大豆培土

サンファーム法養寺にも視察に来ていただくことはありますが、視察に来られた人を見て「あの人たちは今でも個人で機械を買っているのか？」といううちのメンバーの問いかけに「らしいな」と答えると、「信じられんな」とみんなは言います。経験している者はそのメリットを十分に理解しているのですが、まだ経験していない人は不安のほうが強いのでしょう。

先進地研修は絶対に「若夫婦」で行くことです。若い人は理解が早いし、「こんな農業になれば自分も協力できる」「長続きできる」「少々金がいるのなら出しても構わない」となります。女性は「こんな農業になるのなら私の労働はいらない」「あんなにつらい目をしなくてもよい」「それにお金もかからない」とわかれば女性軍が車座になって男性への説得工作にも乗り出すはずです。

コラム　3

先進地研修は夫婦同伴で！

集落営農の先進地視察の受け入れを多数行っています。

最近は「物見遊山」の視察は極端に減って、かなり真剣な視察研修がされています。

ですが、いくつか気になることがあります。

まず一般的に「高齢男性の一団」が最も多く見られます。

この集団の特徴は、「ここは平地だからこんな大型機械が使える」「水田の法面が少ないから草刈りは楽だ」「獣害がないからいいわい」「うちは若い者が農業をやろうとしない」など、「できない理由探し」をすることです。

確かに私の地域の条件は恵まれているとは思いますが、しかし「できない理由」

を並べ立てても、結局はあなたの集落で農業を維持しなければならないのではないですか。先進地の「どの部分が自分の集落に取り入れることができるのか」という見方が必要です。

数は少ないですが、夫婦同伴で来られるケースもあります。今の農業をやっていてこんなことが問題だと思いませんか？と金銭的・肉体的・精神的問題点を羅列説明すると、女性は１項目ごとにきちんとうなずいて、最も当たっている項目では爆笑が起こります。男性はあまり明確な反応はありません。

多分、視察が終わったら「昼食会場で懇親会」は通常パターンでしょう。男性は宴席でたっぷりお酒をいただいて「泥酔状態」という人も少なくない事態になります。しかし、女性軍は車座になって「どうすれば集落営農ができるか？」真剣な話し合いがされます。

今日聞いた先進地では「私たちがやっている女性の重労働はない、お金もかからない、若い人が進んで農業をやってくれる」となれば、この際「うちの集落でも何が何でもやってもらおう」ということになるのです。

女性は先進地から帰ったら必ず家族に「復命」をします。しかもこの復命は「この際、集落営農をやってもらわなければならない」という復命です。翌朝、二日酔いのお父さんは家族全員から「集落営農に反対してはいけない」攻撃を受けるのです。

男性だけの先進地研修は、夕方に「泥酔集団」を集落に降ろしたら、翌朝は何事もなかったかのように「つらい・きつい・もうからない」農業を継続することになるのです。

このように「女性の力を借りる」のが集落営農構築の原動力となるのです

※最も効果的なのは「若夫婦集団」で視察に行くことです。

1-7 困っていることを全員で確認しよう

農業を継続するのに困っていることに、どんなことがあるでしょう。思いつくままに羅列してみます。

- とにかく機械代が高すぎる
- やがて更新しなければならないトラクターやコンバインはもう個人では買えない
- 誰かに耕作を任せたいけれど誰も引き受けてくれる人がいない
- 農作業のために勤めを休まなければならないが簡単には休めない
- 息子は関心を示さず手伝ってもくれない
- 年老いてきていつまで続けられるか心配
- 米の価格が下がりっぱなしで、はたして米作りをしていていいものやら
- 農業は「きつい・きたない・危険」の３Ｋ産業でやりたくない
- 農業をしているばかりに休日が取られてしまう
- 農業をしているばかりに農業関係の役が当たる
- 農舎が農業機械でいっぱいで足の踏み場もない
- 農繁期は行楽シーズンと重なり家族サービスもできない
- 農繁期になると家の中でもめ事やケンカが起きて耐えられない
- よその家が先に作業を始めると気ぜわしい

等々、他にもあるのでしょうが、農業を維持するのにどれほど困っていることか。なのに「農業をやめるわけにはいかない」という声が大半を占めます。その理由は、

- ●ご先祖様から引き継いだ田畑だから守らなければ申し訳ない
- ●家で食べる米ぐらいは自分で作りたい
- ●機械が揃っていて今やめる理由がない
- ●昔と比べたら今の農業は楽になった

等々、消極的なもので、積極的に農業をやっていこうとする声はほとんどないのが実態です。だいたい集落の７～８割が「農業をするのは嫌だがやめるというわけにはいかない」という思いなのです。だから集落のみんなが一致団結して集落営農に突き進まなければならないのです。

集落営農を検討する場合、将来のことを聞くアンケートを実施されることがありますが、どんな集落営農をするのか明確な方針を出していない段階で、個々の農家に将来のことを聞いても「答えようがない」のが実態です。ですから「現在、農業を維持するのにこれほど困っている」ことを集落のみんなで共通認識できればそれでいいのです。

「集落営農を立ち上げて集落の農地を集落で守っていこう！」という共通認識をして、次いで具体的な案の検討に入ればいいのです。

1-8 集落営農をやるべきか、やらざるべきか

集落営農をやった方がいいのか？　やってもうまくいくのか？　大金をはたいて実施してはたして借金を返しながら黒字でやっていけるの

か？　心配したらきりがありません。

しかし、やらなかったら「年寄りだけ」で「重労働」で「大金をはたいて儲からない」「若い人は寄りつきもしない」という農業を続けていかなければならないのです。このままでいつまで持ちますか？

法養寺では定年退職後の60代5人で稲10ha、麦6.5ha、大豆6.5haの経営を、土日中心の作業でしています。お年寄りといわれる人は一切かかわっていません。作業は快適な大型高性能機械を装備しているので楽々やっています。賃金は時給2,000円という魅力ある料金です。21年前に1,317万円の投資で出発しましたが、機械の追加や更新には一切徴収金を集めたことはありません。これらのオペレーターは、「農機具格納庫にやってくるのが楽しい、みんなと一緒に作業できるのが楽しい」と、異口同音に言います。

どれだけ心配しても思案しても、やらなかったら解決できないのです。法養寺に視察に来られる集落の方々には「今日、帰ったらすぐに相談して、トラクター50馬力、コンバイン5条、田植機8条、を1台ずつ、格納庫1,000万円、合計3,000万円の借金に走ってください」と言っています。

たいがいびっくりされますが、「借金してしまったら思案している場合ではない、ケンカもしていられない、前に進むしかない」という状況に自らが飛び込まない限り農村改革はできないのです。失敗事例はいくつも見つかるかもしれませんが、一方で成功事例を探せばいっぱいあります。

「いかに金をかけない集落営農をするのか」ではありません。「いかに大きくて高性能な機械を完備するか」これがポイントです。そうすれば「若い人しか機械は運転できない」「大型機械だから1日の稼働面積は大きいから高い賃金が払える」という構図になります

ケチケチ作戦ではなく、必要なものをしっかり導入して、運営する人もきちんと代替わりして、過去のしがらみに惑わされることなく、合理

的で楽しい組織運営を心がけたら決して失敗はしません。思い切りと決断が大切なのです

1-9 そもそも零細な水田農業は農業経営？

一般的に圧倒的多数の水田農家は数十ａから２～３haの極めて零細な経営です。おそらく50年前ならその規模で一家の家計をまかなってきたのかもしれませんが、今となっては家庭菜園的なものにしかなっていないのです。それなのにご年配の人は「農業経営」とみてしまうのです。かつては「この農地で家族を養ってきた」ということなのでしょう。

集落に呼ばれて行くとお年寄りが「農家は他産業の儲けを助けるための被害者」と言われます。昔はこれでメシが食えたのに今ではとても食えないということなのでしょう。しかし街のかつてのアーケード通りはいまやシャッター街、昔の八百屋さんは大型店舗のテナントとして高額な店舗料を払いながらスーパーのいいなりになっているなど、どの産業も厳しい状況に置かれているのです。

相対的に農業者は「被害者意識」が強く、国の政治が悪い、農協が何もしてくれないなど、他人が悪いから自分の状況が悪くなったという見方が多くあります。「では農業で儲かるようにあなたはどんな努力をしてきたのですか」と聞いてみると、「そんなことわし一人で何ができる」という返事。何も努力をせずに先祖伝来の１町歩の田の売上でメシを食うことなど今や不可能なのです。

250万円のトラクターや300万円のコンバインを買って儲かるわけがない事態になっているのです。だから零細農家の個別完結農業はもはや限界を超えてしまっているのです。しかし先祖から預かった我が家の大切な財産である農地を手放すわけにはいかないのも事実です。

だからせめて「集落の農地は集落で守る」という段階に入らなければ農業の継続はあり得ないのです。中山間の地域では圃場整備が未着手、

湿田で機械が入らない、夏場の畦畔草刈りが大変、イノシシやシカ、サルの獣害で農作物が栽培できないという極めて厳しい状況に立ち至っています。このような状況の中で「我が家の田を我が家で守る」だけの発想で地域が守っていけるのか真剣に考え、一時も早く立ち上がらなければと言わなければなりません。

すでに滋賀、富山、島根、大分などでは集落営農がどんどん作り上げられています。集落のみんなが力を合わせれば、少なくとも個人完結の「損ばかりの農業」から「わずかでも儲かる農業」「損をしない農業」につなげることができます。

さらに集落のみんなが集まれば、野菜を栽培してみよう、味噌加工を始めてみよう、直売所を始めてみようなどといった新たな取り組みに発展させることができます。個人ではなかなか思い切った取り組みは難しいのですが、何人も集まると「面白そうだからやってみよう！」と、けっこう簡単に取り組みが広がっていきます。何か一つが成功すると、面白いし楽しいものです。今度はこれを、次はあれをと拡大していきます。

このような取り組みで「儲かる」とまでは言い難いが、やりがいや楽

しみ、社会への貢献という点では十分満足が得られます。なによりも田舎暮らしの楽しさを満喫できることがいいのです。

1-10 集落営農は経営体か？

集落営農を運営していて思うのは「集落営農は経営体か？」ということです。集落のみんなが金を出し合い、都合をつけあって出役している組織で、決して誰かの家計を潤さなければならないことはない。要するに「赤字にならなければよい」という組織なのです。

そもそも「１ha 前後の水田を我が家で維持していて本当に儲かるのか？」低米価、資材高騰、高額機械のことを考えたら「儲かるわけがない」のが実態です。むしろ、かなり損をしていると考えるべきではないでしょうか。

このような実態を踏まえた上で「集落営農」は「経営体」に発展させることができるのか？　不可能ではないと思いますが、当面は赤字を出さない組織になったら大成功だと言えると思います。

一方で、儲からないから「農地を放棄する」ことができるのか？　農村の誰に聞いてもそれはできないと言われます。「先祖伝来の、我が家の大切な財産である水田」にススキやセイタカアワダチソウが生えることは食い止めたいと願うのは、農村住民の心理なのです。ということは

「なんとしても水田を耕作しなければならない」のですが「もう限界」というのも実態です。

農地が荒廃化していくと人の心も荒廃化します。「あきらめ」「何をやってもダメ」「人の話を聞かない」「自ら進んで行動しない」など、あとは「村の崩壊を待つだけ」といった状況に向かいます。それではいけないから集落営農をやらなければならないのです。

普及指導員が「現状の60kg当たり生産費は１万円ですが、集落営農になったら8,500円に低減することができる」と説明する場面に出合いますが、その程度の金額で人を寄せ付けるインパクトがあるのか？　集落営農を経営体と見るからそのような説得になるのですが、「みんなが安心して快適に暮らせる村づくり」を強調したほうが賛同を得やすいと思います。

コラム　4

中山間での荒廃農地には家畜を活用しよう！

中山間では耕作放棄農地が増大しています。原因は耕作者の高齢化、せまい農地で条件が悪く耕作しづらい、イノシシやシカ、サル等の獣害などが考えられます。いったん農地が荒れてしまうとなかなか元の農地に戻すことは困難です。そのうちにススキが生い茂り、灌木《かんぼく》が生えてきて、いっそう野生獣のすみかとなってしまいます。

こうなると周辺の農地の維持も困難になり、ますます荒廃化に拍車がかかってしまいます。

私は、農業試験場の分場で獣害対策の試験研究に取り組んだとき、まさにこのような現場に出くわしました。畜産が専門であったことから「牛を放牧してススキを食べさせたらどうなるだろう」と思い、電気牧柵を張って、２頭の和牛の放牧を即実践しました。

牛はススキが好物です。決して休まず終日ススキを食べ続けました。２ヶ月半で１haの荒廃農地の草がほぼなくなりました。裸地になるとイノシシは体が隠せないため出没しなくなりました。牛の放牧が珍しいと集落の人が入れ替わり立ち替わ

獣害回避のための和牛放牧

り見に来るため、サルが容易に出てこられません。

秋に退牧した放牧地を耕耘して牧草の種をまき、土壌改良資材や肥料を投入し、排水対策も行って翌年の放牧に備えました。実はこれを「飼料作物の集団転作」にすることができたのです。実に10 aあたり6万3,000円もの転作奨励金がもらえるということで、最終的に3haの集団転作を実践することとなり、この集落に200万円もの転作奨励金が入ることとなったのです。

この結果、獣害と荒廃農地のため全くやる気のなかったこの集落は、大金が入った、獣害が止まった、農地の荒廃化が防げて景観が良くなった、牛が集落を活性化してくれた等、大変活気づきました。以後、試験研究から離れて自力で放牧を続行されています。

この経験を通じて「あきらめてはいけない」「可能性のあることはどんなことでもやってみる」「やった以上は金を上げる」といったことを学びました。集団転作に持ち込んだのは、まさに私が集落営農の実践者だったからだと思います。

一般に「荒廃農地対策には牛を活用しよう」と言っても、簡単には受け付けてくれません。しかしやってみればその効果ははっきりわかります。どこか1ヶ所でも実践されるよう働きかけていただきたいと思います。えさ代も畜舎も労力もほとんどいりません。

2

大きく変化した農村の現状

高度経済成長期から兼業化が進行し、今やほとんどが第２種兼業農家です。家計の収入源はその全てが給料に依存され農業収入はほとんど当てにされていません。従って、若い人は農業に対する興味も関心もなく、年老いた親に任せっきりというケースがどれほどあることか。躍進する都市部に比べて農村は衰退する一方です。

2-1 高齢化社会にこそ集落営農が必要

農村に暮らしていると高齢化現象がよくわかります。30年も前、集落の行事に出役すると「この中で最年少は自分や！」と得意気になったことを思い出しますが、実は今でも最年少のままなのです。若い世代は集落を出て行き「子どもが小学校に上がる頃にはまた帰ってくる」と思っていたのに帰ってこず、「定年退職したら帰ってくるだろう」という期待もかなうものやらわかりません。

常に集落に暮らす人は同じ人ばかりで年を加えていく。新しい話題は少なく、どちらかと言えば身近な人のアラさがしみたいなことが中心で、決して前向きな話はありません。

集落の組織も老人会だけはあふれるほどの会員を誇っているのみで、青年会は有名無実の状況、かつて20人以上が集団登校した小学生は数人が歩いて行く。子どもの頃には祭りの御輿《みこし》が繰り出されるのが楽しみであったのに、いつの頃からか御輿にゴムタイヤが取り付けられ、上下運動をして渡御《とぎょ》した御輿はアスファルト道路を水平移動。

田舎暮らしをして思うことは、村を良くしようと「改革・変革」することは容易ではないということです。しかし、若い人にとって「田舎暮らしが本当にうらやましい」状況をいま作り上げなければ集落は衰退の一途を歩むことになるのです。

2-2 不便な田舎の暮らし

かつては最寄りのJR駅に運行されるバスは1時間に2本ほどあった

のに今では１日10本もない。日用雑貨が買える商店も次々と店をたたみ、買い物も自動車に乗らなければ行けない。役所も医者も遠くなった等々、田舎暮らしは本当に不便になったと思います。

しかし、都市部から来た人に穫りたてゆでたてのトウモロコシや枝豆を振る舞うと「おいしい！」とびっくりされます。新鮮な野菜は本当においしいのです。ご飯もおいしい。「これが田舎暮らしの特権ですよ」と言うのですが、農村では悪いところばかり見て良い点を見出せていないのが問題ではないかと思います。

農村では都会の高層マンションで暮らす人をうらやましいと思うのですが、実は高層マンション暮らしの人で田舎暮らしをうらやんでいる人もたくさんいるのです。

不便なところは助け合いの精神で乗り切り、おいしいものをおすそ分けして、本当にうらやましい田舎暮らしを実現しなければなりません。

2-3 儲からない農業でも集落は人材の宝庫

「農業では儲からない」と言われて久しいのではないかと思います。高い農業機械、高騰するばかりの肥料や農薬、それに比べて低下する一方の米価、これでは儲かるわけがないのは当然のことでしょう。

農業者として儲かる努力として何をしたのかが問われていると思います。例えば苦労して栽培してもわずかしか穫れない中山間地の米、しかしこの米は本当においしいのです。であれば高く売れるところを開拓すればいいのですが、売り先を見つけることは至難の業です。それは全て個人で開拓しようとするからなのです。これを集落のみんなで取り組も

うとすれば、「知り合いのスーパーの社長に相談してみよう」「うちの社員食堂に話しかけてみよう」などとより広範な人脈を駆使して販路開拓ができるのです。

もはや個人完結の農業は限界を超えたのです。集落には様々な会社や役所などの組織で活躍している人がいっぱいいます。まさに集落は「人材の宝庫」なのです。いまこそ集落の英知を結集して、どうすれば儲かる農業が展開できるのか検討を開始しなければならないのです。

人が儲かる話を持ち込んでくれることはあり得ません。集落のみんなが知恵と力と金を出し合って儲かる道を切り開いていくことが大切なのです。じっとしていれば集落は衰退の一途なのだから、みんなでより良くなる方向に攻めていく、という攻めの発想が求められているのです。

2-4 困難を極める獣害対策も集落営農から

いま全国各地から獣害対策が叫ばれています。野生獣の食い荒らしはしつこく長びくもので、一度被害にあうととどまることがありません。まさに中山間地域農村の存亡に関わる重要な問題です。この問題は大変深刻なのですが、被害を受けた人が自分の農地を柵で囲い被害防止を図ったとすると、今度は隣の農地に侵入して食い荒らすことになります。そうすると「おまえが柵を作ったからうちがやられた」と人間のいさかいに発展するのです。

だから獣害対策は絶対に集落ぐるみでやらなければならないのです。個人対策に比べて集落ぐるみの対策は、柵など防護資材も最少で済ませられるし、集落全体が被害回避できるのです。獣害対策の鉄則は、その地域（集落）から一切のものを食わせないことです。また、柵など防護対策を講じても、野生獣は弱いところ、抜けられるところをしつこく攻略してきます。したがって日常の点検・補修を欠かしてはなりません。まさに集落ぐるみで立ち上がらなければならないのです

せっかく進入防止対策を行ったら農地は作物を栽培して金を得ることが必要です。集落のみんなで獣害対策ができたのだから、今度は集落の農地を集落で守る「集落営農を実現しよう！」というところにつなげていくことが重要なのです。

コラム　5

集落営農と獣害対策の関係

集落営農と獣害対策について述べてみます。獣害被害地域は営農意欲も減退し、やる気をなくし、農地が荒れ放題になっていくことが多いものです。何とか被害を受けないように我が家の農地を囲い込むことも少なくありません。しかし隣の農地が何も対策をしていなければ、この農地にサルやイノシシ・シカが侵入してきます。運が悪ければ囲い込んだ農地の柵を打ち破ったりかいくぐったりして侵入されることもあります。

私は平成 13 年から 3 年間、農業試験場の分場で獣害対策の試験研究を経験しました。獣害を防止する最強の方策は、その地域一帯から一切の作物を取られなくす

ることです。つまり集落の農地には一切入れなくすることなのです。だから個人対策では獣害を防止することはできません。それに個人対策は柵資材も多く必要な上に労力もたくさんかかります。

個人対策の最も大きな問題は「隣が勝手に柵を作ったから我が家の農作物が荒らされた」という人間関係の悪化です。獣害被害地域に行くと、荒廃農地の中に頑丈な柵を張り巡らして自家菜園が点在している事態を目にします。見ただけでその集落の人間関係が理解できそうです。

集落ぐるみで獣害対策に立ち上がることができたらどうでしょうか？　まずは獣の出没状況記録をとり地図上に落としていく（集落点検）、みんなが共同出役して恒久柵を設置、日常的に柵を点検し、追い払い隊の結成などができたら、ほぼ完璧に防止できると思います。

当然、知恵も力も金もみんなが出し合うことです。自分たちが金を出し汗をかいた柵だから、攻略されて穴が空いたら自主的に修繕し、電気柵が通電しているかのチェックができるのです。

もし、多額の補助金をもらった業者施工の柵なら、ほとんどの場合、日常管理は

されませんし、問題が発生したら「役所への電話クレーム」だけです。

集落が一体となって獣害対策に立ち上がることは、自分さえ被害にあわなければ人のことは知らないという個人対策と違って、集落住民の意識が一体化されることです。実はこのことが最も重要だと思います。

みんなが一体となって獣害対策に立ち上がったおかげで獣害を防ぐことができた、ということになったら、次は「みんなが維持管理に困っている農業を、集落営農を立ち上げることによって解決しよう」ということにつなげていくことが大切です。獣害地域は「あきらめ」が先行して前向きに考えられることはあまりありません。なにか一つでも成功事例を体験させることが大事なのです。

2-5 農地の圃場整備はやはり必要

都道府県によってはほぼ圃場整備が完了しているところもありますが、まだまだこれからのところもあります。効率的な集落営農を実現しようとすればやはり圃場整備が必要だと言えます。よく「圃場整備はできていないが集落営農は可能ですか？」という質問を受けます。「できないことはないと思いますが、効率的な運営は難しいでしょう」と答えています。やはり圃場整備は必要になってきます。

普及指導員さんには現地から集落営農の指導要請があった場合、「圃場整備ができていることは絶対条件ですよ」と言っています。中山間地域の未整備田の条件で見本になるような集落営農組織を育成することは極めて困難です。まずは圃場整備ができている条件で成功事例を作っていただきたい。そして「あのような集落営農を実現しようと思えば、まずは圃場整備の実施を」というところにつなげていくべきだと思います。

2-6 専業農家地帯こそ集落営農を

8条小麦耕耘・施肥播種同時作業

零細な第２種兼業農家が何百万円もの機械を買いそろえて先祖伝来の農地を維持管理していても儲からないから集落営農をやろうとしてきました。

もう10年以上前に青森県から生産者代表や行政関係者、JA関係者などが立て続けに視察に来られました。何も知らない私は「地域農業が存続できないので集落営農をやろうとされるのですか」と聞いてみたら、「うちは県下有数のリンゴ産地で後継者もいっぱい育っています。しかし田んぼにリンゴを植えて産地拡大を図っているのですが、水稲との労力競合や水稲機械にコストを食われてしまうのを防止するための対策が必要なのです」と言われました。つまりリンゴ生産地帯でも水稲に関しては零細な第２種兼業農家と同じ問題を抱えていたのです。そして水稲の全面受託組織を発足させ立派に運営されていると聞いています。

園芸県である高知県に行ったときにも園芸産地でありながら水稲の機械については過剰投資の問題が言われていました。せっかくハウス園芸で儲けたお金を水稲機械に投入してしまっていては何のために農業をやっているのかということになります。さらにハウス園芸と水稲との労力競合からハウス園芸の生産性を落とすようなことになっているとすればこれは大問題だと思いました。

集落営農は専業農家地帯でこそ推進しなければならないと思います。

日本農業は水田をベースに園芸や畜産を取り込んで家族経営で行うことが多く、多くの農家では稲作を行っています。そしてその水稲部門は金食い虫であり、園芸や畜産などの専作部門の妨害となるものであるなら、やはりその対策は絶対に必要になります。専業農家地帯でこそ集落営農を実現して稲作機械のコストを抑え労力を大幅に軽減して専作部門で収益を拡大させることが重要なのです。

2-7 転作でも確実に儲けにつなげよう

集落営農組織の運営で最も心配されることは「はたしてうまく経営できるか？」ということです。つまり経営として成り立つかどうかですが、ここで儲かる努力をするのか、もしくは努力しているかが問われてきます。

必要でない人に出役してもらって賃金を払っていることはないか、不必要なものを買いすぎていないか、といったコストダウンについては常時注意しておかなければなりません。ただ、コストダウンのために賃金を安くすることはダメです。賃金を安くすると出役者の「やる気」を引き出すことはできません。必要な人には高い賃金を払っても出てもらうが不必要な人には出役させないことが大事なのです。集落営農はどうしても「人海戦術」や「痛み分け」の発想に陥りますが、あくまで「経営」なのですから経営者の目で日常作業をチェックしなければなりません。

コンバインによる小麦収穫

生産性を高める努力をしているか。必要な

資材はきちんと投入して防除もしっかりやっているか。収量を上げ品質を高めるための努力をしているか。常に反省をして翌年の改善につなげていくことが大切です。特に「基本技術」から外れてはいけません。資材抜き・手抜きはもってのほかです。

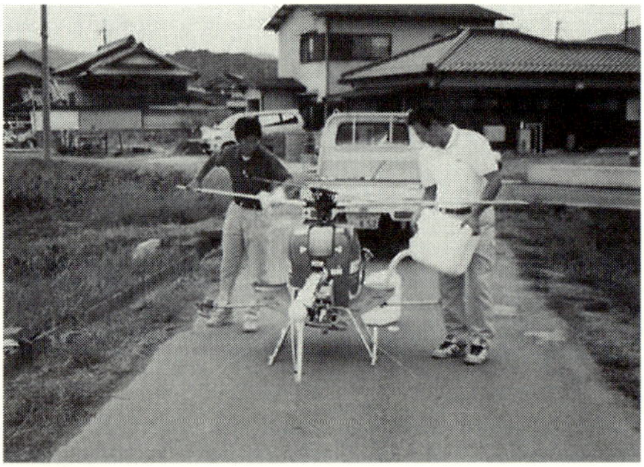
大豆栽培用のラジコンヘリコプター

滋賀県では集団転作で小麦を栽培するのが一般的ですが、小麦跡はどうしていますか？　けっこう放置されているケースが多いものです。小麦跡は６月から翌年の田植えまで遊んでしまいます。やはり大豆を栽培すべきでしょう。15年前からサンファーム法養寺では小麦跡全筆に大豆を栽培することにしました。それまでは小麦が終わったら地主に返還していたのですが、そうすると雑草対策のための除草耕耘が必要になります。２～３回耕耘しなければならないのですが、収益が無い作業に作業料金が取れないということから、営農組合が引き続き借地して大豆を栽培することにしたのです。

大豆栽培は３年間ぐらい様々な失敗をしました。除草剤を省いて草だらけ。培土をしなかったり時期が遅れたりでこれもまた草だらけ。排水溝をつながなかったため水没して発芽せず。真夏に過乾燥で枯死などの失敗を重ねましたが、ある程度経験すると要領がわかってきて、今では基本に忠実で、連携作業でスムーズに実施できるようになりました。当初は「大豆が組織で栽培できるか！」と年配者から怒られたりしましたが、今ではそれなりにきちんと栽培できています。まさに「やってみなければわからない」経験をしたと思っています。おかげで転作助成は常に最高水準で得られています。

品目横断の過去実績がないから今さら大豆を栽培しても儲けにならない、ということかもしれませんが、それなら「飼料作物」や「飼料稲」を栽培して畜産との連携を図る手だても考えられます。あらゆる目配りや努力をしてきちんと儲けにつなげることが大切です。今の転作助成制度は努力したらきちんともらえる制度だと思います。

現場では実行しないで「それもダメ、あれもダメ」と決めつけてしまうことが多いものです。「よし、やってみよう！」と言える人材を見つけることが普及活動のポイントなのかもしれません。

3

法養寺営農組合の場合

私が住んでいる滋賀県犬上郡甲良町の法養寺という集落では平成４年に「法養寺営農組合」という任意組織を立ち上げ、稲作用大型機械を共同導入してオペレータによる作業受託を開始しました。すでに21年を経過していますが、今では「農事組合法人サンファーム法養寺」として水稲・小麦・大豆の土地利用型作物を定着させ、新たにビニールハウスによるトマトとイチジクの生産にも取り組んでいます。さらに甲良町内の７つの集落営農組織が「甲良集落営農連合協同組合」という法人を立ち上げ、米の共同販売にも取り組みはじめました。

これらの経過を述べてみます。

3-1 農業組合から営農組合へ

甲良町は彦根市に隣接する小さな町です。法養寺は平坦部で昭和50年代後半に30 a区画の圃場整備が終わっています。集落内の農家は26戸で20haの農地は全て水田です。当時は全て第2種兼業農家で、オペレーターに出られる人はほとんど恒常的勤務者でした。勤め先は地元農協をはじめとする近隣市町の会社や、遠い人は大阪までの通勤者でしたが、全員が自宅に住んでいました。中には高齢で「専業農家」に分類される農家もありましたが、基本的には第2種兼業地域でした。農業従事者は大半が40代のサラリーマンで、それ以下の若い人が従事することはありませんでした。

農業は水稲単作で転作は小麦と大豆を集団ブロックローテーションで回してきました。法養寺の農業の特徴は、牛耕から動力耕耘機に移行しはじめた頃から機械の共同利用に取り組んできたことです。集落内の農家を4班に分けて各班に1台ずつ機械を配置して順番で使用する方式です。昭和50年代後半から高度経済成長に伴い共同利用体制が崩壊し個人所有になってきましたが、唯一トラクターの共同利用体制だけは維持されてきました。

平成2年に滋賀県が「集落営農ビジョン促進対策事業」という県単独事業を展開し、1,600の県下農村集落のうち800集落に集落営農を推進しようとする大規模な事業が行われました。滋賀県はかつて「集落ぐるみ農業」とか「集団転作の推進」とか集落を単位とする農政が推進されてきており、その延長線上に集落営農が進められたのです。

法養寺はこの集落営農ビジョンの初年度採択の指定を受け、集落営農の検討を開始することになりました。ちょうど昭和63年に法養寺農業組合のもとで現在の農機具格納庫が建設されていたので格納庫建設は必要としませんでした。

3-2 発足当初に所有していた機械

法養寺営農組合は平成４年７月に発足しました。農家26戸20haのうち22戸16.5haの賛同を得て、稲作機械の共同利用体制が確立しました。発足当初の営農組合が所有していた機械は表１のとおりです。

機械は一連の水稲作業ができるものと、小麦・大豆栽培に必要なものをそろえましたが、田植機だけは当初個人所有機を活用して乗りきることとしました。

表１　平成４年７月当時の法養寺営農組合所有施設機械

名称			台数	導入年	規模／性能	導入金額（千円）	備考
建屋		格納庫兼作業場	1棟	S63	240㎡	10,000	農業組合から借用
		旧農業組合格納庫	1棟	S40	80㎡	1,000	同上
機械		トラクター	2	H4	32馬力キャビン	7,700	
		トラクター	1	S58	32馬力	2,500	
		トラクター	4	S55	24馬力	6,000	
	アタッチ	水田ハロー	2	H4	280cm	900	
		パワーデイスク	1	H4	6連	620	
		大豆中耕ロータリー	1	H4	2連	300	
		ブロードキャスター	2	H4	360リットル	430	
		大豆播種機	3	S62	3連	300	
		コンバイン	1	H4	4条グレイン	4,100	
		コンバイン	1	H2	3条袋取	800	中古
		ビーンスレッシャー	1	S60	自走式脱粒	700	
		歩行型管理機	1	S60	600		
		背負い式防除機	5	H5	300		
		高圧洗浄機	1	H4	300		
		エアーコンプレッサー	1	H3	90		
		グレインコンテナー	2	H4	軽トラ搭載	700	

3-3 積立金で次回の機械更新を

表2が作業料金表です。特徴的なことは作業ごとに「更新積立」を設定していることです。料金を徴収するのは員内作業料金です。

例えば晩秋に実施する「荒起こし作業」は員内料金10 a当たり5,000円を徴収します。営農組合では「直接経費」と決めた2,000円でオペレーター賃金や燃料費、消耗部品費などを支払い、「更新積立」と決めた3,000円は絶対手をつけずに次の機械代として残しておくことにしたのです。

この方式で運営してきたので、次回の機械更新はこの更新積立を使い、組合員からは徴収しないということで乗り切れました。

ただ、任意組合が何百万円もの資金を保留することは税務上、大きな問題であり、至急に法人化して合法的に処理をしないといけない問題だと思います。任意組合のままでいくのなら、その年の更新積立金額を全額全組合員に面積に応じて返還し、同時に同額を更新積立拠出金として

表2　作業料金表（更新積立と直接経費）

作業機の区分	作業内容	更新積立料	直接経費	10 a当たり作業料金	
				員内	員外
トラクター	土改資材散	800	700	1,500	2,300
	荒起こし	3,000	2,000	5,000	8,000
	代掻き	3,000	2,000	5,000	8,000
	ならし	2,000	1,000	3,000	5,000
	転作田耕起	1,500		1,500	3,000
	大豆培土	1,000		1,000	2,000
田植機	田植え	4,000	3,000	7,000	11,000
コンバイン	稲収穫	8,000	4,000	12,000	20,000
	麦収穫	4,000		4,000	8,000
大豆脱粒	大豆脱粒	2,500		2,500	

回収する。だから個々の農家は返還された更新積立金額の収入があったとして税務申告すれば問題はないと言えます。

いずれにしても極めて高額な農業機械ですから、次期更新をどうするのかを見据えた運営方法を考えておかなければなりません。にわかに多額の資金徴収を行えば、脱退者が出たり猛反発を食らったりすることは十分予測しておく必要があるでしょう。

なお、この料金表の「員外料金」が、だいたい農業委員会で提示される「標準作業料金」とほぼ同等であり、いわば世間並みの料金と言えるのではないかと思います。それと比べると員内料金は格安料金であり、法養寺の組合員に賛同が得られたのだと思っています。

3-4 法養寺方式の特徴

1） 時給 2,000 円という高額賃金を設定

営農組合に出役したオペレーターであれ補助作業員であれ、支払う労賃は時給 2,000 円と設定しました。この 21 年間、１日８時間作業をすれば１万 6,000 円の労賃を支払ってきました。近隣の集落営農組織に聞いても、時間給は 800 円から高くても 1,200 円程度が普通です。

高くしたのには理由があります。当時、オペレーターに出られる人は 40 代で全員が恒常的勤務者だったのです。「この日、平日になりますが

休暇を取って出役していただけませんか」とお願いしても、「その日は休めない」「ああ、その日も無理」「日曜なら出られるんやけど」と言われるにちがいないと考えたのです。休暇を取ってでも出役しようと思わせるには魅力ある賃金設定が必要で、それが時給2,000円だったのです。

結果的に「休暇を取った方が得」と判断していただけるオペレーターが何人も現れ、農繁期の作業も滞ることなくスムーズにこなすことができました。

さらに賃金を高くして良かったことがもう一つあります。それは出役したオペレーターが「こんな高い賃金をもらう以上、いい加減な仕事はできない」と考えてくれたことでした。初めて営農組合が作業をするとき、農地を預けた地主さんは「営農組合に作業を任せたがちゃんとうまくやってくれるのか心配」なのです。代掻き作業の後「どんな作業をしてくれたのか？」確認に行くと四隅もきちんと丁寧にならしてある。「これなら営農組合に任せておけばもう安心」と一気に営農組合の信用が高まり、続々と作業委託が舞い込んで順調な組織運営につながったのです。

このような組織を立ち上げたとき、最も大切なことは「いかに早く組合員から信頼を勝ち取るか」が成否の分かれ道となることがわかりました。

2） 誰がやっても仕事の質は変わらない

オペレーター体制で運営すると、オペレーター個々によって仕事の質が変わることはよくあります。しかしそれでは「我が家はあの人にやってもらいたい」とか「この人にやってもらうのはイヤ」といった問題になります。またオペレーターによって作業量が多かったり少なかったりすれば計画的な運営もできません。

法養寺営農組合ではそのような問題を想定して、各作業の開始に当たって「オペレーター研修」という「目合わせ」をしてオペレーター間

当時のオペレーターたち

格差を出さないようにしてきました。例えば代掻き時期になるとオペレーターを集めて、水の深さはこれぐらい、走行速度はこれぐらい、TPO ギヤはこれ、周回回数はこれぐらいなどと全員が確認して翌日からの作業に当たることにしました。オペレーター間格差を完全になくすことはできませんが、大幅に縮めることができたのではないかと思っています。

3）　オペレーターへの気遣いはいらない

法養寺ではかつて我が家の田の耕耘などの作業をしてもらうときはオペレーター接待をすることが当たり前という悪しき慣習がありました。お茶を持って行くのは当然で「この家はお茶だけだがあの家ではビールが出た」「こちらでは寿司が出た」など家によって中身が違い、そのために勤めている奥さんを休ませなければならないといったことがあったのです

営農組合になってからは「オペレーターへの接待は一切しない」ということにしたので、かつての問題は解消されることになりましたし、オペレーター接待のための休憩もなくなったので作業量も向上することになりました。

4）　作業料金は農協口座から引き落としで

作業料金の徴収は半年に１回ぐらいで行いますが、３～４作業をまとめて徴収することになると数十万円という農家も出てきます。これを現金で徴収すると、支払う側ではどうしても億劫になってしまいます。だ

から現金を見ない「農協口座引き落とし」で徴収することにしました。これは支払う側では現金を見ないだけに楽で、集める側は現金トラブルがないから両者とも良いことになります。

ただし、オペレーター賃金の支払いは絶対に現金です。これを口座振り込みにしたのでは「ありがたみ」がわかってもらえません。家に持って行っても奥さんといえども親といえども渡さずに、絶対に直接本人に渡す。仮に3日分の手当なら4万8,000円となるわけですから、相手は思わずニッコリで「また出役が必要なら言うてや！　いつでも休むで」ということになります。だからオペレーターを確保しやすくなるのです。

5）　徹底した機械の維持管理

導入した機械はかなり高額なものばかりですが、どうしても共同利用機械は粗放管理になりがちです。一般に「共同利用機械は持って7年、早ければ5年」などと言われます。これは機械が悪いのではなく「人間が悪い」つまり使い方が悪いのです。

法養寺営農組合では共同利用機械を長持ちさせるために独自の努力をしてきました。例えば代掻きシーズンのトラクターは、その日の作業が終わると高圧洗浄機で泥を落とし、キャビンにはぞうきんがけをし、燃料を満タンにします。明日また泥だらけになる機械をいったん新品状態にするわけです。なぜなら明日はオペレーターが変わるからなのです。明日出てきたオペレーターは「こんなきれいに大事に扱われているトラクター」ということで、一日大切に扱い、夕方にはまた新品状態にして翌日のオペレーターに回

燃料補給

高圧洗浄機による洗車

す、ということを徹底したのです。

32馬力キャビン付きのトラクターは15年間の共同利用に耐えました。アワーメーターは2,300時間を超えていましたが、農機具店が言うには「乗用車なら23万kmを超えている」のだそうです。やはり共同利用機械をいかに長持ちさせるかが重要だといえます。

集落営農では大型高性能機械を導入して少ない人数で大面積をこなしていくのがポイントなのですが、高額な機械を早く壊してしまえば、組織がつぶれる危険性があることを肝に銘じておくべきでしょう。

コラム　6

共同利用機械は長持ちさせよう！

集落営農では大型高性能機械を導入して、きわめて効率的な農業を展開していくものです。しかし、トラクターなら500万～800万円、コンバインなら1,000万～1,300万円とかなり高額なもので、次の更新時期が組織継続の大きな山場となります。

したがって、いかに機械を長持ちさせて出費を抑えるかは大切なことです。とは言うものの、オペレーターは日々交代するので長持ちさせたいのにうまくいかないのが本音のはずです。一般に農繁期ともなると、格納庫に泥だらけのままで格納されている高額機械を目にしますが、大規模農家のように特定個人が使用する場合はそれでも使用に耐えるかもしれません。しかし、不特定多数のオペレーターが使用する場合、「うわっ、こんな汚い機械！　いいかげんに使ってしまえ！」という気持ちで使い回していたら、きっとすぐに壊れてしまうでしょう。

私が運営しているサンファーム法養寺では、代掻きシーズンでも夕方に帰ってきたら必ず高圧洗浄機で洗って、キャビンにはぞうきんがけをすることとしています。要するに「新品同様」にする、泥付き機械は格納庫に入れないというルールで

トラクター洗車

コンバイン清掃

運営してきました。平成４年に導入した32馬力トラクター２台は、平成19年４月まで15年、アワーメーターは2,300時間を超えました。今年オイルシールも限界に来てやむなく更新しましたが、農機店では「よくもこんなに使ったものだ」とあきれられました。でも、このトラクターの外観は「こんなきれいな機械が更新？」という程度でした。

不特定多数が使う機械をどのように長持ちさせるか？　まずは機械や施設をいつもきれいにしておくことです。当然オイル交換や注油は担当者が常にチェックしていることも大切です。

ただ、コンバインは廃用までは使用しません。老朽化すると故障が増えて、農繁期にいつ大修繕の必要が起きるか…という危険を抱えて稼働させると心配です。６～８年程度で下取り価格と勘案しながら更新することとしています。

また、シーズン終了後の機械は１日かけてオペレーターみんなが集まって清掃点検を行います。この場が「機械の勉強会となる」のです。これを業者に任せてしまってはなかなか機械に詳しくなれません。当然、エアコンプレッサー、溶接機、充電器、高圧洗浄機といった道具は必需品です。

補助事業で導入されるケースも多いと思いますが、特に注意しておかなければならないのは、次の更新に補助金はないということです。

併せて「なんらかの形で更新積み立て」をやっておかなければなりません。これは税務上の問題もからんできますので、専門家に相談しながら実施すべきでしょう。しかし積み立てなしでの更新は極めて困難と考えておくべきです。

3-5 機械の更新を見据えた長期計画

法養寺営農組合の設立に当たって様々な角度から検討しました。いくつかの先進事例を調べてみましたが、発足当初の事業費は「徴収した作業料金を借入金償還に充てる」方法が多く見られました。しかし、その方法では機械の次期更新時点で資金難になることは容易に予測できます。コンバインを更新しようとすれば 1,000 万円ほどの資金が必要になるわけですから、その時点で大問題が発生することになります。

また「作業料金で借入金償還」ということにすれば、発足当初から借入金償還に見合う作業量を確保しなければならなくなるのですが、個人持ち機械がたくさんあるなかで、最初から借入金償還に見合う作業を確保していくのも至難の業なのです。先進事例では借入金を償還するため強制的に「耕作面積の半分は営農組合に作業委託」というのがありましたが、それも無理があるだろうと判断しました。

何よりも現在所有されている個人持ち機械をどうするかの問題です。全員が一斉に競売にかけるという方法が採れればいいのですが、そんなことは不可能だと言わざるをえません。とりあえず個人持ち機械は「使えるうちは個人で使用する、しかし壊れたら絶対に個人で更新しないで営農組合に作業委託していく」こととし、おおよそ 10 年のうちに個人持ち機械が消滅して全員が営農組合に作業委託していくことになるだろうと考えたのです。

こうした検討の中から徐々に「法養寺独自の方式」をあみ出していったのです。つまり現有個人持ち機械を十分活用しながら、自力で大型高性能機械の次期更新ができる独創的な方法です。

1）資金償還は組合員の拠出金で

法養寺営農組合は平成 4 年 7 月に 1,317 万円の初期投資で発足しましたが、この事業に対する補助金は一切ありません。無利息の「農業改良資金」を借用して事業実施することとしました。

農業改良資金は事業費の80%借り入れることができ、翌平成5年から7年の均等償還となります(P.56～57の表3参照)。平成4年の農業改良資金償還額131万7,000円は当初自己資金の半分です(自己資金の半分は集落の手持ち資金を充当)。平成5年から7年間、150万5,000円を償還しなければならないのですが、その償還金を営農組合員から150万円ずつ、平成4年から8年間拠出をしてもらうのです。いわば8年間の分割出資をしてもらおうという発想です。

ただしこの出資金に対する配当は想定していませんので、出しっぱなしの拠出金ということになります。

2) 個々の農家の負担金はそんなに高くはない

表3で示した「組合員負担金額」毎年150万円は、法養寺の26農家に割り振ったものがP.58～59表4のとおりです。割り振る根拠は20%が戸数均等割り、80%が面積割りですが、このやり方は今までから法養寺で資金調達するときの鉄則なのです。戸数均等割りをするのは「不平等ではないか」という質問を受けることもありますが、面積割り100%にした場合、極めて零細な農家はただ同然で参加できるのに対して大面積の農家は「そんな高い負担には耐えられない」ということになります。なにしろほとんど機械を持たなかった極零細な農家が、集落営農を実施することによってもっとも恩恵を被ることになるのですから、2割程度の均等割り負担をしてもらうほうが平等ではないかと考えています。

いずれにしてもこの拠出に応じれば今後二度と我が家では農機具を買わなくていいのですから、いかに安い拠出であるかがご理解いただけるはずです。とにかく法養寺では26戸中22戸もの賛同が得られたのですから。この拠出金は「現在我が家で所有する機械の保険代」と理解すればいいのではないかと思います。

営農組合の発足に当たって「お金を取るというわけにはいかない」ということで補助金や集落の蓄えを充当して、ただで参加してもらうことは避けなければいけません。最低でも法養寺程度のお金を出してもらうことが必要なのです。ただで加入できたら組合員は「組織に入った」という意識はありません。だから我が家の機械が壊れたら間違いなく個人で更新してしまって営農組合に委託することはありません。そのために組織の機械稼働率がいつまでたっても拡大せず運営がじり貧になってしまうのです。

コラム　7

立ち上げに補助金はいらない

集落営農を立ち上げるに当たって、まず「何か活用できる補助金はないか？」ということから出発することが多いものです。しかし補助金は、やろうとする中身が制約されたり、不必要なものまで付加されたりで、必ずしもやろうとする事業とすべて合致するわけではありません。何よりも問題なのは「最短でも来年実施」ということです。

せっかく集落合意も進み「では今年の田植えから」と思っていたら「実は来年の秋以降で実施」という話になります。これではやる気がそがれることになります。もう一つ問題なのは「どうせ補助金をもらった施設・機械だから、いいかげんに使え」という考えです。さらに「補助金をもらって、できるだけ農家に負担させない」という考え方がダメなのです。

機械をいいかげんに使えば当然、早く壊れます。「もう次は補助金はないのですよ！」個人負担をさせないということは「組織に入った意識はない」ということになり、個人のコンバインが壊れたら「迷わず個人機械を更新」という事態になります。

サンファーム法養寺の平成４年の立ち上げ時には、1,317 万円の機械を導入し、全額農業改良資金の借り入れでスタートしました。資金は７年均等償還で、22 戸が毎年 150 万円×８年間拠出して借入金を償還し終えました。出発時に「個人機械を更新しない」申し合わせをして、21 年間全員が守ってきました。

もしこの 1,317 万円の事業をしなかったとしたら、法養寺の全農家がコンバインや田植機やトラクターを自力で更新しなければならないのです。この 21 年間のうちに 1 億円ぐらいの機械代が費やされていたはずですが、わずかたったの 1,317 万円でこれが防止できたのです。

1 億円かかるものが 1,317 万円で済ませることができたのです。こんな事業に本当に補助金が必要なのでしょうか。それに最大規模 (1.6ha) の農家で 8 年間で約 100 万円の拠出に応じています。だから個人で機械を買う考えは起こりません。

大切なことは「即実施！」です。補助事業では着手が大幅に遅れます。長期低利の制度資金の活用をおすすめします。

3） 農業機械の次期更新方法

P.56 ～ 57 表 3 の中段「更新積立計画」の説明です。P.44 表 2 の作業料金表でどの作業料金にも必ず更新積立をすることとしていましたので、導入した機械が今年、来年、再来年とどれだけの作業をするのか将来予測をしています。トラクターは当時「トラクター利用組合」の共同トラクターを順番で利用しており、個人所有のものはありませんでした。だから初年度から 12ha の面積が稼働できるとして更新積立を予測しています（平成 4 年のトラクター利用面積 12ha に対して更新積立 36 万円となっているのは、初年度はトラクターが夏に導入され、その年は荒越し作業 3,000 円× 12ha となったためです）。翌年からはトラクターが 1 年間に約 100 万円（96 万円）

現在のキャビン付きコンバイン

更新前の旧コンバイン

の更新積立を生み出すものと予測しています。

コンバインは当時法養寺の中に、個人持ちの２条袋取りが13台もあり、おそらく稲の収穫はほとんどの農家が個人持ち機で作業をするだろう、だから初年度は３ha程度の作業しか受けられないだろうと予測しました。その後個人持ち機が壊れるごとに徐々に稼働面積が増えていくとして更新積立を目論んでいます。

田植機は営農組合発足当時、みんなは５条乗用田植機に更新された直後で、共同利用といえども田植機の導入はもったいないということで、当初の導入を見送りました。

とにかく１年目が終わるとトラクターと田植機で60万円の更新積立ができると想定しています。さらに翌年は128万円が、３年目は132万円が積み上げられるだろうとして、表３の最下段「累計欄」に更新積立をため込んでいきます。

４年目には「田植機導入180万円」として、ここで累計欄にたまった更新積立から180万円をはたいて田植機を買う、その年から田植機も３haをスタート台に更新積立を生み出してくると想定しています。

さらに６年目には400万円のトラクターと650万円のコンバインの導入を想定しています。そうすると最下段の累計欄は370万円の大赤字が想定されます。それでも赤字のまま運営したとするならば、８年目の累計欄は80万円の黒字に転じています。このことからすれば370万円の赤字になるとき、農協から短期借入金370万円を起こしてきたら２年先には返してしまえる、また近代化資金等制度資金を活用して８年分割で償還するのなら赤字になる心配もないともいえます。

法養寺では「この方式でいけば二度と機械代を払う必要がない」ということが理解されて営農組合発足にこぎ着けられたのだといえます。現にこの21年間一度も機械更新に当たって資金徴収したことはありません。

表3　資金償還計画と更新積み立て計画および機械更新計画

			1年目 平成4年	2年目 平成5年	3年目 平成6年
組合員拠出計画	組合員拠出金額		1,500,000	1,500,000	1,500,000
	農業改良資金償還金額		1,317,000	1,506,000	1,505,000
	差し引き		183,000	-6,000	-5,000
	累計		183,000	177,000	172,000
更新積立計画	トラクター (@8,000)	作業面積	12.0ha	12.0ha	12.0ha
		更新積立額	360,000	960,000	960,000
	コンバイン (@8,000)	作業面積	3.0ha	4.0ha	4.5ha
		更新積立額	240,000	320,000	360,000
	田植機 (4,000)	作業面積	0ha	0ha	0ha
		更新積立額			
	年間更新積立計画		600,000	1,280,000	1,320,000
機械導入計画	トラクター導入				
	コンバイン導入				
	田植機導入				
累計			600,000	1,880,000	3,200,000

（円）

4年目 平成7年	5年目 平成8年	6年目 平成9年	7年目 平成10年	8年目 平成11年	合計
1,500,000	1,500,000	1,500,000	1,500,000	1,500,000	12,000,000
1,505,000	1,505,000	1,505,000	1,505,000	1,505,000	11,853,000
-5,000	-5,000	-5,000	-5,000	-5,000	
167,000	162,000	157,000	152,000	147,000	147,000
12.0ha	12.0ha	12.0ha	12.0ha	12.0ha	
960,000	960,000	960,000	960,000	960,000	7,080,000
6.0ha	8.0ha	10.0ha	12.0ha	12.0ha	
480,000	640,000	800,000	960,000	960,000	4,760,000
3.0ha	5.0ha	7.0ha	8.0ha	9.0ha	
120,000	200,000	280,000	320,000	360,000	1,280,000
1,560,000	1,800,000	2,040,000	2,240,000	2,280,000	13,120,000
		4,000,000			
		6,500,000			
1,600,000					
2,960,000	4,760,000	-3,700,000	-1,460,000	820,000	

表４　個人別拠出計画一覧表

農家名	耕作面積(a)	1年目 平成４年	2年目 平成５年	3年目 平成６年	4年目 平成７年
A	25.3	27,152	27,152	27,152	27,152
B	162.6	111,883	111,883	111,883	111,883
C	133.8	94,110	94,110	94,110	94,110
D	154.1	106,637	106,637	106,637	106,637
E	157.3	108,612	108,612	108,612	108,612
F	104.0	75,719	75,719	75,719	75,719
G	79.3	60,476	60,476	60,476	60,476
H	62.5	50,109	50,109	50,109	50,109
I	16.7	21,844	21,844	21,844	21,844
J	31.1	30,731	30,731	30,731	30,731
K	88.5	66,154	66,154	66,154	66,154
L	67.0	52,886	52,886	52,886	52,886
M	13.6	19,931	19,931	19,931	19,931
N	87.5	65,537	65,537	65,537	65,537
O	50.3	42,580	42,580	42,580	42,580
P	151.3	104,910	104,910	104,910	104,910
Q	105.1	76,398	76,398	76,398	76,398
R	116.7	83.557	83.557	83.557	83.557
S	52.4	43,876	43,876	43,876	43,876
T	152.0	105,341	105,341	105,341	105,341
U	70.0	54,737	54,737	54,737	54,737
V	15.3	20,980	20,980	20,980	20,980
W	10.6	18,808	18,808	18,808	18,808
X	7.0	15,858	15,858	15,858	15,858
Y	5.6	14,994	14,994	14,994	14,994
Z	24.9	26,905	26,905	26,905	26,905
26戸計	1,944.5	1,500,000	1,500,000	1,500,000	1,500,000

（円）

5年目 平成8年	6年目 平成9年	7年目 平成10年	8年目 平成11年	合　計
27,152	27,152	27,152	27,152	217,214
111,883	111,883	111,883	111,883	895,064
94,110	94,110	94,110	94,110	752,879
106,637	106,637	106,637	106,637	853,100
108,612	108,612	108,612	108,612	868,898
75,719	75,719	75,719	75,719	605,756
60,476	60,476	60,476	60,476	483,812
50,109	50,109	50,109	50,109	400,870
21,844	21,844	21,844	21,844	174,756
30,731	30,731	30,731	30,731	245,848
66,154	66,154	66,154	66,154	529,232
52,886	52,886	52,886	52,886	423,087
19,931	19,931	19,931	19,931	159,451
65,537	65,537	65,537	65,537	524,295
42,580	42,580	42,580	42,580	340,639
104,910	104,910	104,910	104,910	839,276
76,398	76,398	76,398	76,398	611,187
83.557	83.557	83.557	83.557	668,456
43,876	43,876	43,876	43,876	351,007
105,341	105,341	105,341	105,341	842,732
54,737	54,737	54,737	54,737	437,898
20,980	20,980	20,980	20,980	167,844
18,808	18,808	18,808	18,808	144,640
15,858	15,858	15,858	15,858	126,867
14,994	14,994	14,994	14,994	119,955
26,905	26,905	26,905	26,905	215,239
1,500,000	1,500,000	1,500,000	1,500,000	12,000,000

4 集落営農のメリット

集落営農を実現するとどんなメリットがあるのかを考えてみます。我が家の田を我が家の機械で作業する「個人完結農業」と比べてみるとその効果は歴然としています。最近では女性も勤めに出る人が多くなり、家族が揃って作業する風景は少なくなってきました。一人で農作業をするのはかなりの苦痛ですし、万一「機械が故障した」となれば「せっかくの日曜日が台無し」という事態になります。

4-1 具体的なメリット６項目

1） 個人持ち機械がいつ壊れても安心

営農組合に加入していればいつ我が家の機械が壊れても営農組合に頼めばやってもらえ、あわてて何百万円もの機械を買う必要がなくなったことは大きな安心です。法養寺では営農組合設立の総会で「今後は個人持ち機械が壊れても個人で更新せず営農組合に作業を委託する」という申し合わせをしました。以後21年間１台も個人持ち機械は導入されませんでした。また農機具を格納する農舎も１棟も建てられませんでした。無駄なお金がいらなかったのは当然ですが、集落の周りにカラートタンの農舎ができなかったことも農村景観の保全のために良かったといえます。

10条田植機

2） 農機具の置き場がいらない

個人で機械を所有している間は個人で保管しなければなりません。ただでさえ狭い我が家の農舎はまさに「足の踏み場もない」状態で大変不自由していました。営農組合ができてからは一切、機械を保管する必要がなくなりました。当時私は購入２年目の新品コンバインを持っていましたが、営農組合設立と同時に知り合いに売り払ってしまいました。集落のみんなは「あんな新しい機械を売り払うとは！」と大変驚きましたが、一方で「やはりあいつは本気や！」と信頼を得ることにもつながりました。このような組織を作るとき、まず役員が率先して実行しなければ組織の信頼は得られないと思います。

機械を個人で保管しなくてよいほかに、燃料保管とか修繕費もいらなくなりました。また泥まみれになった機械が家に帰ってくることもなくなりました。とにかく今まで機械が居座っていた農舎は、子どもの卓球室や洗濯物干し場となって一年中活用できる生活空間となり、大変快適な生活を送れることとなりました。

3）　作業はオペレータがやってくれる

どうしても勤めが休めず「どうしよう」ということはなくなりました。営農組合に任せておけば順番にやってくれるのです。オペレータに出られるような男手がいない農家も営農組合に任せておけばきちんとやってもらえるのですから集落のみんなが喜んでくれました。

逆に「もう農業は継続できない」と思っていた高齢者の家でも、機械作業がやってもらえるのなら「まだ５年はがんばれる」と言ってくれました。

4）　個人で機械の管理をしなくてもよい

農業機械の維持管理は大変です。年々複雑化・高度化する農業機械は素人が整備点検するのは容易なことではありません。一人で維持管理していると絶対に怠ってはならない注油箇所やオイル交換など、やっていないことはたくさん出てきます。そのことによって機械の寿命を縮めていることも多いものです。営農組合ではそのシーズンの作業が終了するとオペレータ全員が集合して清掃点検をします。大勢が集まるとほぼ完璧に仕上げることができます。だから個人で管理しているより長持ちさせることができるのです。

コンバインの清掃

コンバインのクローラーに巻き付いた泥は簡単に落とすことはできません。おそらく個人管理なら見えるところだけ落とす程度しかできないでしょうが、大勢が集まり高圧洗浄機など専門的な道具を使えば完全に洗うこともできます。

5） 精神的苦痛から解放

個人完結の農業では一切の作業を自分でしなければなりません。例えば、今日は天気がよいが明日からは雨、今日休んで稲刈りをすればいいのだが「今日は絶対休めない」というとき本当に困ってしまいます。また、隣はすでに田植えを終えたのに我が家はまだこれから、というときもイライラします。その上、年寄りから「なぜ今日休めないのや！」とでも言われようものなら我慢も限界……以上は、私自身の経験です。

とにかく農業をしていると、「田があることが苦痛」なのです。営農組合ができてからこのような苦痛は完全になくなりました。

6） みんなでやるから楽しいし安心

営農組合の作業は基本的に土・日曜日が中心です。10名前後が集まって一日作業をし、夕方には格納庫で鍋をつつきながら宴会というのが通常パターンでした。作業中にもいろいろ会話をしますが、宴会では本当に賑やかで、楽しく過ごすことができます。また様々な失敗もありましたが、みんなが助け合って乗り切れてきたのは大きな安心でした。

5 集落営農設立のポイント

集落営農を立ち上げたい場合、どのようなことを知り行動すべきか、21 年間経験してきたことを述べてみます。一般に、その立ち上げは大変難しく何年もかかって集落内で検討を重ね、きちんとした計画のもとに全員が合意形成して実現するものだと思われています。

5-1 組織設立までのポイント

1） 固定観念にとらわれない

集落営農は大変難しいことだと思われがちですが、実はそんなに難しいものではありません。なぜなら「集落のみんなが持続するのに困っている農業を困らなくする」ことだけが目標です。具体的には大型高性能機械を集落共同で導入してオペレーターが稼働するしくみを作ればいいのです。最初から育苗や籾の乾燥調製までやってしまわなくても、トラクター、田植機、コンバインの共同利用体制を作る。いずれ必要に応じて次の段階で実施しなかった部分に取り組めばいいのです

農家に新たな取り組みを進めると「それはダメ」「金がかかる」「手が回らない」などと、否定的な意見からスタートします。たぶん自分の経験や知識から一定の考えがあるための意見なのでしょう。たとえ全く知識がないと思われることでも「否定」からの意見のやりとりになります。

集落営農を運営して気づいたことは、農業を経験してこなかった非農家や若い人は、新たなことに驚くほど興味や関心を示します。そして予備知識がないだけに「おもしろい！」と思うと「やってみよう！」と大変前向きな動きを示します。

考えてみれば、農業を経験してきた人はあまり良い経験をしたことが

ありません。確かに新鮮でおいしいものが食べられるが、たいした金にはならない、つらい重労働、大金をはたかなければならない、泥だらけの汚い仕事……等々。だから「どうせ新たな提案もその範囲の話」と考えてしまうのでしょう。

集落営農の次期担い手は農家の中から探そうと考えますが、なかなか引き受け手はありません。なぜなら、つらく、厳しく、儲からない農業を経験してきた人だからなのでしょう。

サンファーム法養寺に視察に来られると必ず「上田さんの後継者はありますか？」と聞かれます。

私は「今のところありません」

「では、法養寺の将来は心配ですね？」

「いいえ何も心配していません。なにも集落の中から確保しなければならないとは考えていません。部外者でもやりたい人を見つけてきます。どうしても後継者が見つからなかったら、個人認定農業者に集落丸ごと預けてしまうことも、農協に委託することも考えられます」と答えています。

言いたいことは、集落営農に関して「全てを集落内部で解決しなければならない」という考えではいけないのではないか、ということです。もっといえば、自らが選択肢の幅をせばめているのではないか、ということです。

ちょっと幅を広げて考えると、考えていた問題はいとも簡単に解決できますし、そのことによって組織は飛躍的に活性化されます。あらゆる方面から考えるようにしましょう！

2）　細かな規約の作成は後回しでよい

集落営農の検討を始める場合、最初は「想像」の上で会議を開かなければなりません。例えば大型トラクターで耕耘すれば１日でどれぐらいの作業ができるのか、どんなことに注意しなければならないのか、オペレーターの疲労度はどんな程度か、小さな機械しか使ったことがない農家はわかりません。だからめいめいがまちまちの意見を出して収拾がつかなくなることは十分予測されます。

また、よく規約作成から始める場面に出合います。しかし「やったこともない組織の規約」は本来できるはずがないのです。みんなの頭には「個人完結農業の知識しかない」のですから、大型機械を使った農業など理解できていません。「自分のやってほしい日に作業をしてくれるのか？」「その日の作業はどんな順番でやるのか？」「そんな大面積をやっていけるのか？」など心配ばかりが先行して、規約作成ともなると個人の思惑ばかりが強調されて、なかなか作業がはかどらないのは当然のことなのです。

「規約は２～３年経験してから作成します。それまでは試行で運営します」というのが正解だと思っています。法養寺営農組合はまさにそのとおりのスタートを切りました。だから規約はなかったのです（ただし、制度資金を借入するために「集落の誰にも見せたことのない規約」は作成しましたが）。

法養寺営農組合では規約を作成せず、とりあえず試行でスタートしましたので運営しやすく、年の途中でも「このやり方は都合が悪いから変更」することができました。なにしろ試行ですから、修正や変更に異論が出ることはありませんでした。ただ、基本的な部分、例えば作業料金や賃金など個人の利益に関わる部分は絶対にさわらない、そして絶対に組合員の信頼を得る運営をするということはベースにありましたが。

おもしろいことに、営農組合を継続した13年間、誰からも「規約を作れ！」と言われたことはありません。規約を作るときにはケンケンガクガクの問題になりますが、いったん作り終えたあとは、ほとんどの場合、もう一度議論の俎上にあがることはありません。平成17年５月に法人化しましたが、そのときにも総会で「定款は農業会議でもらったひな形に固有名詞だけ挿入しました」という説明で了解が得られました。

もしも「こんなことが想定されるのでこの条項を加えます」という提案をしたら、おそらくケンケンガクガクの議論に発展しただろうと思われます。本当に「規約は必要ない」と実感で思いますし、もしも作るのなら当たり障りのない大ざっぱなものにとどめておくべきだと思います。

集落の合意形成が「規約作成途中でケンカ別れになった」という最悪のケースも多数聞きました。大切なことは合意形成です。一番難解な規約作成は後に回しておくべきでしょう。

規約作成で難儀の末に「今度は運営細則の作成」などという話も聞きます。まさに愚の骨頂です。やってみなければわからないことを、経験したことのないメンバーが机上の空論を振りかざして大ゲンカ、では元も子もありません。

第一、結論が見えない会議を連続させることは、役員全体に「嫌気」を持たせることが最も大きな問題です。「きちんと規約を作成して硬く運営する」のが良いことだと思われていますが、実際は応用が利く柔軟な運営が大切だと思います。

3）　検討会は長期戦に持ち込まない

集落営農という難しく、大金を出してもらう事業だから慎重な上にも慎重にと考える気持ちはよくわかりますが、何の結論も得られずだらだらと夜の会合を続ければ、出席者はうんざりするはずです。だから「わかりやすい資料」を作成して要領よく説明し、その日の結論をはっきり打ち出す配慮が必要です。

いま全国で集落営農を構築するための集落検討が行われていると思います。ああでもない、こうでもない、の机上の空論が飛び交っていることと思います。

集落営農の目的は何か？　金がかかる農業、重労働な農業、精神的に苦痛な農業を改善するために集落営農をするのです。だから個人では機械を買わずに集落で共同利用するのです。だから労力をかけないために大型機械を買うのです。そして精神的苦痛を感じないように少ない人数で稼働していくのです。目的ははっきりしています。

個人完結の農業を、集落を一つの単位とした経営体に変えていこうとするものです。ところが個人で完結してきたことを、集落を単位とする経営に移行すると、集落合意が得にくいのが正直なところなのでしょう。個人の思惑が交錯してなかなか一致点が見出せない、のが実態ではないでしょうか。

集落営農の検討は話し合いだけではなかなか成立しません。大切なことはペーパー資料に基づいて運営していくことです。しかも会議と会議のスパンは長くても１週間です。月１回の会議では前回の中身を忘れてしまうことが多く、振り出しに戻ることは少なくありません。

ペーパー資料に基づく検討を行って、修正点が出されたら次回に修正して検討する。恐らく10回も繰り返したら、ほぼ成立させられる内容になるはずです。と言うことは２ヶ月から３ヶ月でまとめられるはずなのです。

法養寺営農組合を検討したのは平成４年の１月当初の土曜日から２月末の土曜日まで８回の検討の末に３月の全農家総会で可決されました。正味３ヶ月しか検討していません。

大切なことは「長期検討」に持ち込まないことです。使ったこともない大型機械を稼働させる集落営農の中身は、設立前にどれだけ検討しても「わからない」のは当然のことでしょう。「集落営農をやるんだ」と役員が意気込んでいるときに、一気に成立に持ち込まなければならないのです。

長期戦に持ち込んだらどんな事態になるのか？

各メンバーがよその情報を得ようと努力します。よその情報は成功事例ばかりではありません。失敗事例は探せばいっぱいあります。つまり「危機感をあおる」動きが強まることが問題なのです。失敗事例は「集落営農だから悪い」のではなく「その集落の運営の仕方が悪かった」のがほとんどです。早く成立させようとするのなら「成功事例に学ぶ」ことです。

長期戦は「だらだらとした会議内容」となって、検討メンバーは「こんな会議に来るぐらいなら集落営農などどうでもいい」と嫌気を感じてしまう、これが最悪の問題です。

集落営農の検討期間は３ヶ月。長くても半年。それ以上時間を費やすことはマイナスです。

４）　総会の議決方法は先読みして

集落営農を議決するときは「みんながどのような考えを持ち、どんな行動を取るか」十分に想定して議決することが重要です。法養寺営農組合設立当時の総会前後のやり方を述べてみます。

集落営農組織参加の賛同を得る総会での採決の取り方を考えてください。一般に参集農家は①「総論賛成、各論反対」という状況が生まれます。つまり「そんな組織ができるのは良いが（総論賛成）、自分が参加するのは…？（各論は思い切れない）」という意識を持つ人は多いものです。

また、②「１：２：１」論。つまり「こんな集落営農を立ち上げようと思うのですが」という提案に対して、「ぜひやってほしい」という積極的賛成層は全体の４分の１（１）、「俺は絶対反対」という反対層が４分の１（１）、「良ければ乗ってみたいが、悪ければ逃げたい」という様子うかがい層が全体の半分（２）という勢力に分かれるのが普通です。

この①と②の状況を十分に念頭に置いた採決を行わなければなりません。なにしろ一人でも多く賛同者を得なければならないのですから。だいたい集落の７～８割の賛同者が得られたら「公的組織」と認められるでしょうが、半数以下なら「好き寄り組織」と見られ、後々の組織拡大は極めて困難な状況になるでしょう。

平成４年の法養寺営農組合総会では、この①と②の状況をうまく逆手にとって26戸中22戸の賛同を得ることができました。

まず、新たな営農組合を説明しようとする総会資料を１週間前に全戸配布しておきました。このことで提案しようとする内容を参加農家はほぼ理解して参集しました。おそらく総会で初めて配ったのでは「みんなはどうするだろう。自分はどうすればいいのだろう」と、大きな不安を抱くだろうと思われます。実際、総会では大きな反対意見や質問は出されず、むしろ「うまくやっていけるための意見」がたくさん出されました。

そして採決。「それではこれから採決に入ります。ただし今、挙手されてもそれが加入者だとはカウントしません。あくまでもこのような営農組合を設立しても良いかどうかの判断だけで挙手してください」と言うと、全員が挙手していました。これは、総論賛成各論反対を意識してのことです。総会参加者はきっと「これならほとんどの人が加入するだろう、やっぱり自分も加入しよう」という意識付けになったと思います。

採決の結果、「全員に賛同していただきましたので、営農組合設立に向けて準備を始めます。１週間後に個々に訪問させていただいて、加入される方には署名捺印を集めさせていただきます」として総会を終えました。

１週間後に署名捺印を集めに回りましたが、工夫したのは署名用紙を26戸が１枚の紙に記入する「一覧表」にしたこと。そして署名捺印を集めるのは、１：２：１論の、積極的賛成層から順番に、様子うかがい層でも理解の早い人、説得しやすい人など、まさに「人」をながめて順番に歩きました。反対と思わしき人も「こんなにたくさんの人が入るのなら、入らないわけにはいかない」ということで賛同が得られました。

集落大改革の集落営農、やはり、集落の公的組織という位置づけは絶対必要でしょう。集落全体の９割以上の賛同が得られたら大成功だと言えるでしょう。

とにかく「安易な進行」は絶対にダメです。役員は２手から３手先を常に先読みできなければなりません。普及指導員はまさに集落リーダーの先導役を果たさなければならないと思います。

5）　集落全員参加は無理

法養寺に視察に来られる方に「26戸中22戸の参加」と説明すると、「なぜ４戸は参加しなかったのか」という質問が集中します。不参加の理由は聞いていないのでわかりませんが、逆に「あなたの集落にそのような人は想定されませんか？」と聞くと、急にニヤニヤと笑って黙られます。つまり「絶対反対者」はほぼどの集落にもあります。

集落営農だから全戸参加、と考えたら集落営農はできないことになります。「途中加入」の門戸は開いておきながら、集落の８～９割が参加できれば100点満点の集落営農ができたと考えるべきです。

5-2 設立当初のポイント

1）　作業受託を開始したら

作業をする側も委託する側も初めての体験です。しかし大切なことは「集落の農地を良好な状態で維持管理する」のが目的です。トラブルは初年度から２年目に集中しますが、中には個人的な利害を主張する話も出ます。でもオペレーター側は文句を言わない、苦情が出たら役員が説明に出向くなどの対応が必要です。組織が信頼を得られるようになったら苦情はなくなります。最初の我慢が大切です。

共同利用組織を立ち上げても、今までの作業実績は何もありません。

畦塗りもトラクターで

ということは、集落の農家は「どんな風に作業をしてくれるのか？」「いつしてくれるのか？」「誰がしてくれるのか？」など、心配事はきりがないほどです。組織を運営する側は、このような心配や不安を十分に意識しておかなければなりません。

委託された作業は、作業工程表を作成して、いつ、誰が（オペレーター）するのかを明らかにして、できれば全農家に配布しておけば安心です。そして天候の都合などで「行程が遅れてもこの順番で進めます」と付記しておけば納得が得られるでしょう。

オペレーターは必ず「目合わせ」をして、個人間較差が出ない対策が必要です。たとえば、代掻きをする場合、明日からオペレーター作業開始という前日にオペレーター全員を集めて、１筆の田で実演をしてみる。水の深さはこれぐらい、走行ギヤはこれ、TPO ギヤはこれ、ロータリーの深さはこれぐらい、耕耘行程はこのように、といった具合に決めておくことです。

なおかつ、四隅はロータリーを逆転させて盛り上がった土をならしておく、といった配慮が必要です。田植えの場合なら、旋回部分で跳ね上がった土を、田植機でならし走行してから植え付けるといった具合に、手作業がいらない配慮をすることです。

このような作業を心がけていれば、「営農組合に任せておけば安心」という雰囲気が芽生え、次第に「我が家の田は自分がやらなければ！」という力みが弱まってきます。私の集落でも３年が経過する頃から、ほとんどの農家は「田んぼへの関心」がなくなりました。だから結果的に「全面委託」の希望が急増して、現在は 12ha の水稲の全面受託をするため、法人化したのです。

「いい加減な作業」をした場合、農家は「個人持ち機械をいつまでも手放さない、壊れた場合なら隠れてでも機械を購入」といった事態になります。こうなると、集落営農の機械稼働率は上がらず、収益が増えず、いずれは存亡の危機が訪れることになりかねません。

新たな組織ができるとこんな事態が起こります。「あいつは条件のよい田だけ自分でやって、条件の悪い田を組織に任せる。けしからんやつだ！」という話です。これは当然な出来事です。組織がどんな仕事をしてくれるのかわからない、組織がまだ信頼を得ていない段階だから、なのです。

この場合は、「ありがとうございます」で引き受けて、条件の悪い田を「あっという間にこんなにきれいにていねいに」やり終えれば、徐々に信頼が構築できるでしょう。

大切なことは「組織が参加農家の信頼をいかに早く構築するか」、これが運営のコツです。

2）　組織の実情をこまめに発信すること

組織を運営する側と作業を任せる側ではとらえかたがだいぶん違います。かなり協力的な人がいる反面、自分の利害だけを主張する人も出てきます。またどこから出たのか「実態のない噂話」も横行します。できるだけ事実を伝え協力してもらえる体制作りが必要です。

集落営農を発足させると運営する側も作業を任せる側も大きな戸惑いがあります。当初計画どおりうまく進まないことや様々な失敗、する側とされる側で意が通わないことはいっぱい起こります。これはどれだけ注意をしていても気配りをしていても起こります。今まで「個別完結」で個人の思うままにやりこなしてきた農作業を、個人に成り代わって組織がやっていくのですから「思ったとおりやってくれない事態」はいっぱい起こって当然なのです。

運営当初はオペレーターの資質向上とレベルアップが急務です。誰がやっても同じ質と量をこなして帰ってくる状況を作らなければならないのですが、これがなかなか難しい。なにしろオペレーターと言っても、今まで我流でこなしてきた農作業だから個人まちまちです。まずはシーズンの作業前にオペレーターの「目合わせ」をして統一見解を合意しておくことが大切です。

オペレーターを「奉仕」や「集落のため」だけで義務的に出役させる体制には限界があります。納得して出役してもらうためには、ある程度思い切った労賃を支払わなければなりません。サンファーム法養寺ではこの21年間、時給2,000円、1日出役したら1万6,000円を支払ってきています。世間相場からいえば倍額の手当を支払っていると思っていますが、このことがオペレーターに出役しやすい状況を作っています。また、出てきたオペレーターは「こんな高い賃金をもらう以上はいい加減な仕事はできない」ということで良心的な仕事をするように配慮してくれています。

このように運営する側はこまごまと気遣いながら、軌道に乗るようにかなりの努力をしているのですが、作業を任せる側はあまりそのような努力を理解されることは少ないようです。「なぜうちの田をやってくれないのか？」「なぜこんなやりかたをするのか？」「オペレーターだけがいいようにやっている」など、運営する側の努力を逆なでするような見方はいっぱいあります。

また、もっと稼働面積を増やしたいと思っているのに、「営農組合には気の毒だから自分でやってしまおう」とか「こんなことまで委託しては申し訳ない」といった遠慮から作業が集まってこないということもあります。要するに「運営する側」と「任せる側」で意が通じていない事態がいっぱい起こるのです。

これを防止するために「営農組合ニュース」といった情報紙を発行するのが効果的です。「現在の営農組合ではオペレーターの確保に困っています」「作業受託面積が少ないので困っています」「代掻き作業は別紙地図の順番で開始します」「営農組合の経営はほぼ当初計画どおりの収支が見込まれます」などといった内容で、できればこまめに発信すればみんなに理解されるでしょう。そして協力も得られるでしょう。

また、当初は様々な失敗も起こります。この中身も公表すべきです。例えば「今年の田植えで苗余りが起こったのは、植え付け間隔の調整を間違ったからでした。オペレーターの反省会で原因がわかりました。来年からは規定どおり実施しますので今年は申し訳ありませんでした」といった情報を発信しておけば大方理解されるでしょう。

情報発信や文書作成、収支計算といった事務作業にはパソコンが不可欠です。集落の中にはパソコンが得意な人がいるはずです。公務員や学校の先生、会社で事務をしている人などを役員にして能力を発揮してもらいましょう。

いずれにしても新しい営農組織を発足させて大変なのは最初の数年だけです。３年もしたら定着してほとんど不平不満は聞かれなくなります。運営当初にいかに運営状況を理解させるかがポイントと言えます。

5-3 絶対に個人所有機械の更新はさせない

集落営農が設立され共同利用機械が導入されても、個人持ち機械はそのまま使用されるケースは少なくないと思います。各農家の思い入れのある個人機械ですから大切に使えるかぎりは使おうとするのはやむを得ないと思います。

問題は、個人機械が壊れたときは絶対に個人で更新をせずに、集落営農組織に作業委託されるように持って行くことです。「自分の思い入れのある田に他人が入ることが許せない」とか「納得がいかない」ということは多分にあります。しかし、誰か一人が個人機械を更新したとなると、かなりの「なだれ現象」が起こります。そうなると、集落営農組織の共同利用機械は稼働率が上がらない → 収入向上につながらない →

共同利用機械の更新ができない、という事態になり、ひいては組織崩壊の憂き目が想像されます。

個人持ち機械を５年から10年かけて共同利用体制に持って行くというのが理想だと思います。徐々に共同利用機械の稼働率を上げていかなければならないのですが、もしも組織が各農家から信頼を得ていなかったとしたら、「絶対に個人機械を持ちたい」と思うのは当然かもしれません。だから「いかに信頼を得られる仕事をしていくか」がまずは大切です。

そして運営する側が範を示すこと。つまり「まず役員は個人持ち機械を処分すること」です。自分は後生大事に機械を保有して、人には「機械を更新するな！」と言って納得が得られるでしょうか。「役員はみんな個人機械を処分してしまった。やっぱり役員は本気なんだ」となれば、個人更新は食い止めることができるでしょう。

もう一つは、営農組織発足当初に導入する施設・機械は各農家に「応分の経費負担をしてもらうこと」です。何が何でも組織を発足させるために「金を取っては誰も参加してくれる人はいないだろう」と考えるのかもしれません。しかし、ただで組織を発足させたら参加農家は「組織に加入した意識」はありません。しかし、新しい共同利用機械に費用負担を求めておけば、個人機械が壊れたとき「二重投資はできない」とい

う思いで「個人機械の更新はしない」ということになるでしょう。

「金を取ったら全戸参加にはならない」と考える人は多いだろうと思います。集落営農は「全戸参加が理想だが、全戸参加は不可能」と考えた方がいいと思います。どこの集落にも１割程度の反対者はあります。この反対者を無理矢理組織に引き入れた場合、後々の運営には「ブレーキ要因を入れてしまった」ということになります。「金を払ってでも入る」という人だけで組織する方が後の運営はうまくいきます。ただ、反対者には途中加入の門戸を開けておいてください。

5-4 集落営農リーダーの役割

どこの集落に出向いても「なかなかリーダーになる人がいない」とよく聞きます。そもそも立派なリーダーがいるケースはほとんどありません。「リーダーとは集落のみんながこれから育てていくものだ」ということを理解してほしいのです。

1）集落営農構築の決め手は、やっぱりリーダー

集落営農を構築するに当たって「適正な面積は？」とか「適正な戸数は？」「水田条件は？」といった質問をいただくことがあります。しかし「適正要件は何もない」というのが正解だと思っています。なにしろ「集落の田を集落で守る」のが目的なのですから。

100ha を超えたり、100 戸を上回る事例はたくさんあります。中山間の条件不利地域で立派に成立されている事例もあります。共通して言えることは「うまく合意形成をして前向きな組織運営ができる」立派なリーダーがいるかどうか、なのです。

では「立派なリーダー」とはどんな人を言うのでしょうか？

①　ものごとを前向きにとらえることができる人

総体的に「もし失敗したら…」という、悪い方に転ぶ心配ばかりを先

行させる人は多いものですが、これは後ろ向きに考えるタイプで、リーダーには不向きです。やってみなければわからないことは「よし！やってみよう！」「もし失敗したらこうすればいいんだ」という見方ができる人が望ましいと思います。

②　やる気のある人

集落の農業を維持するのにほとんどの農家が困っています。「自分が中心になって、集落のみんなができるだけ金をかけずに、つらい労働をせずに、気苦労もない農業に改革するんだ！」ととらえられる人が必要です。注意すべきは「自分が目立ちたい人」や「名誉欲のある人」「私利私欲を優先させる人」を識別することです。

③　ものごとの先読みができる人

今日明日の先読みは当然ですが、１年先とか３年先、５年先にどうすべきかという目標をもち、その目標にどうして近づいていけるかが考えられる人。具体的には、集落営農の先進事例を常に把握していれば先読みができるはずです。

④　目先の些細なことにこだわらない人

人の失敗を責めたり、不安をあおり立てたり、自分の考えを先行させたりといったタイプはリーダーには向きません。リーダーは何が些細で、何が大切かを識別できることが大切です。重要なことはみんなの信

頼を得られているかどうかでしょう。

2）悪いのは「自分」と思え

組織を運営していると「思い違い」や「理解の違い」などいっぱいあって、「そんなはずでは…」という事態は日常茶飯事です。

例えば「自家消費米の申込書を○月○日までに農機具格納庫の文書受けに投函してください」という文書を配布しておいたら、Ａさんの申し込みがなかったので放置しておいたら、「なぜ申込書を回収しないんだ！」と怒られました。「いや文書には個々が持参してくださいと書いてあるのですが」と言っても、「昔から農業関係の書類は役員が回収するもんや！」と怒られてしまいます。

この人は、昔からの集落農業のルールが常識になっているようですが、集落営農組織を運営していくと役員やオペレーターの実務は急激に増加して、このような回収事務に専念する余裕はありませんし、最近では留守の家も多く効率が上がりません。だから「投函してください」という文書にしたのですが、納得してもらえません。

この場合、やむを得ません。「申し訳ありませんでした。役員経験が短いものですから昔のルールを認識していませんでした」「しかし私たち役員も集落営農になってから大変忙しくなってきました。申し訳ありませんが、年に１回の自家消費米の申込書は、これからはご持参願えないでしょうか？」「それに最近では留守の家も多くなかなか回収効率が上がらないものですから」と言えば、「それはそうやな。あんたらも大変や。来年からは持ってくるわ」という収まり方になります。

ですが「文書を最後まで読まずにえらそうなことを言うな」という受け答えをしたら、おそらくケンカになるでしょう。あげくのはてに「こんな営農組合なら脱退や！」がオチでしょう。

構成員に不満や不信を抱かせたら、常時かなり厳しい目で営農組合を見られることになります。

キャビンコンバインで籾下ろし

そうなれば些細なことでも文句の理由になります。そういう事態に陥ると役員からの提案はほとんど否定。前向きな取り組みはできない。だから組織運営はジリ貧という憂き目が待っています。

集落営農リーダーの本来の目的は、組織を安定的に運営でき「集落の農地を集落で守ること」です。一般に、人はほとんど「自分が正しい世界」にいます。だから意見が出されるときは「間違っているお前を正す」という立場で考えられています。

少なくとも集落営農リーダーは、そんなことは十分認識して対応しなければなりません。リーダーは「まずは自分が悪い」という発想で考えたら（本当はなにも悪くはないのですが）ことはうまく収まります。「むやみなケンカは組織崩壊につながる」という気持ちを常に持っておくべきでしょう

3） 十人十色どころか百人百色

集落営農を推進するということは「集落みんなの合意をとりつける」ということになります。注意をしておかなければならないことは、個人ごとに考え方や思惑が違うということです。

例えば、我が家の田に対する思い入れは、絶対にきちんと管理して一粒でも多く米をとりたいという人、極力金をかけずに１円でも多く儲けたいと思う人、できるだけ労力をかけたくない人、田んぼのことはどうでもいいと思っている人など、とにかくみんな違います。

しかも考えを追求していくと大きく矛盾することが起こってきます。例えば集落営農を実現するためにみんなからお金を拠出してもらって共同利用機械を購入しようとすると、「そんな拠出金を払っていけば儲からない」という声が出ます。「しかし個人で機械を買いそろえていては

もっと儲からない」と指摘すると、「儲からなくてもいいんだ。先祖の農地を守るためだけだから」という答えが返ってきます。「いったい、あなたは農業で儲けたいの？」という事態。

これは、この農業者が将来の農業はどうあるべきか、きちんと考えていないからなのです。

大切なことは「今のままの農業で本当に継続していけるのか」「現状の農業でどんな問題があるのか」について共通の認識をすることです。

現状の農業での問題はいっぱいあります。金銭的な問題、肉体的な問題、精神的な問題、どれをとらえても「大問題」なのです。おそらく「日本中の農家がほぼ同じような問題を抱えている」といっても間違いありません。「このような問題を解決するには集落営農しかない！」という合意が形成できたら集落営農は半分できたと言えるでしょう。

申し上げたいことは「我が家の田に対する思い入れは百人百色」だから少々時間をかけてでも「現状の農業の問題を解決するには集落営農をやるしかない」と全員の意志を一致させること。これをやっておかないと、途中で個人の思惑によって、様々な憶測や噂が横行して空中分解が起こります。

集落営農のとりまとめにしくじると、再起動にはかなりの時間がかかります。そして再起動時には「俺が言い出したときには反対しやがって！」というブレーキ要因を抱えてしまっていることになります。だから「トライしたら失敗は許されない」というリーダーの信念が必要です。

要するに、同じ集落に暮らしていても考え方は全員違う。しかし全員が農業を維持するために問題を抱えている。これを解決するにはこのような（具体的にわかる集落営農案）方法しかない。とまで提示できたら成立できるでしょう。

5-5 発足当初の施設機械導入の考え方

組織発足に当たってどのような施設・機械を導入すべきか、大いに議論になるところです。考えていただきたいのは「現状で集落内には過剰投資なくらいの個人有施設・機械がある」ということです。この個人所有物が一斉に競売にかけられるのなら最も効率的な組織運営ができるでしょう。しかし、実際にはそんなことは至難のわざです。

法養寺では「現在所有されている個人機械は壊れるまで使っていてもかまいません。しかし更新は認めません」というスタートを切りました。だから、使いたい人はとことん使う、一方で「そんな楽な機械でやってもらえるのなら個人機械は処分する」という人もありました。新しい組織は、個人がどんな機械を所有しているのか全く関わらず、作業を委託されたものだけに対応すればよいというやりかたです。

当初の考えは、10年後には個人機械がなくなって全て共同機械に置き換わる、という発想でしたが、法養寺ではまさにそのような経過をたどってきました。この方式の大きな特徴は「個人機械は個人の考えで使い続け、処分する」という点です。要するに「無理がない」やり方だと思います。

そのような考えで集落営農を計画するのなら「最初から集落全体の面積に対応する必要はない」のです。おそらく集落の中では「俺はトラクターの更新が目前」「いや俺は田植機」「俺はコンバイン」というようにまちまちな問題を抱えているだろうと思います。だから、最初からたくさんの機械を買う必要はないのです。

20～40ha程度の集落なら、当面

トラクター、田植機、コンバインは１台ずつで十分です。最初のうちの委託面積は集落の１～２割程度が普通です。そして個人機械が壊れるごとに稼働面積が増加していくことになります。また組織の信頼が高まっていくほど稼働面積増加につながります。当所から更新積立を行っていけば、以後の機械導入に再拠出を求めることもありません。

このやり方でいくと一気に大面積に対応する必要がなく、「最初は予行演習」という程度な仕事ですから、当所からスムーズなスタートを切ることができます。

ただし、格納庫は当初購入する機械が格納できる程度ではダメです。後々、導入する機械は増加の一途をたどることになりますから、将来の導入機械も想定した大きさが必要です。機械は作業料金収入が見込めますが、建屋は将来的にも金を生み出すことはできません。「大金がいるから建屋は後で」ということで後回しにされるケースを見かけますが、機械を分散して保管して適切な管理ができるか？　基地がない組織がうまく運営できるか？　よく考えていただきたいと思います。

「屋外にブルーシートでくるまれた高額機械」を散見しますが、「機械が壊れたら組織がつぶれる」という目でもう一度見つめ直してください。

5-6 指導機関への注文

集落営農設立の指導経験がないと、なかなか直接指導は難しいものです。普及指導員やJA 営農指導員はぜひとも集落の現場に入ってほしいと思います。「個人で機械を買いそろえ、高齢者が泥田に浸かって地域農業を守る」事態をいつまで続けるのか？　集落営農を全国で展開していき、それをベースに新たな農業の展開をすべきだと思うものですから。

集落営農の講師として各地を訪れています

気がついたことは、平日に開催されると「集落営農を推進しようとする若手」の参加が極めて少ないことです。どれだけ大盛況でも、60代以上の人を集めた研修会は現場を変える力には、まずはなりません。「若い人をいかに集めるか」ここに一番気を配るべきです。どうもこのことに気がつかない主催者が多いことに失望します。年配者は声をかければ来てくれますが、頭が固い、変革に躊躇する、集落では高飛車にものを言うなど、集落の大改革を推進することは極めて困難です。

若い人が出やすい開催となると、土日に実施、これは鉄則です。若い人も１集落に１名を集めるのはあまり効果がありません。一人だけが理解しても、集落に帰れば自分以外に理解者はいないのです。

少なくとも「集落営農を実現しよう」という集落なら、３～５人といった人数を集めるべきです。大勢が出席して「うちも絶対に集落営農をやろう！」と理解したら、あとは集落が自主的に推進することができます。

ところで若い人とは？　答えは40代から50代前半と考えてください。

研修会の開催は午前中にすべきです。午後１時もしくは１時半という開催ではかなりの「居眠り者」が出ます。せっかく集めたのに寝てもらっては何にもならないのです。午前中に開催すると午後は出席者がディスカッションする時間がとれます。つまり研修会から帰ったら集落の公民館で「今日の研修会で聞いてきた内容を再確認しながら、うちの集落ではどのように組み立てていくのか」という相談ができるのです。

研修会が閉会したら司会者は必ず「今日集落に帰ったら公民館に集まって研修会の再確認をしてください。その上で自分の集落ではどのように進めていくのか必ず相談してください」と締めくくるべきです。

もう一つ、研修会には「首長（市・町長）」に出席してもらうべきです。首長はあいさつだけで帰るのが一般的ですが、首長は市町の農業振興をやらなければならないのです。この首長が、このようにすれば集落営農ができる、集落営農ができると村がこんなに変わる、集落営農ができると新たな農業振興ができる、という具体的な理解をすれば、首長自らが集落営農推進に力を入れることになります。だから推進に拍車がかかるのです

研修会は「今日の話を聞いてやらなければならないことがわかった。どのように進めていけばいいのかわかった」と言って参加者を帰らせなければならないのです。主催者はそのことに一番気を使わなければならないことを十分理解しなければなりません。

もう一度言いますが、参加者の頭数が問題ではありません。どれだけ理解させたか、どれだけ具体的な集落営農の構築方策を与えたか、これが重要なのです。

コラム　8

複式簿記記帳指導は必要？

普及指導員が集落営農の指導を行う場合、「複式簿記記帳指導」から入る場面によく出合います。

しかし、はたしてそれがいいのだろうか？

「複式簿記」を一定理解している相手にならわからないでもないのですが、全くの素人に「そもそも複式簿記とは」からスタートするわけです。集落営農が飲み込めていない上に、かくも難解な複式簿記の「60の手習い」をさせることになりま

す。それよりも「初めてパソコンをさわる人」に教えるということも少なくありません。

まず、このことが「集落営農をするということはとてつもなく困難」と思わせてしまうことになっています。確かに複式簿記記帳は必須だとは思いますが「餅屋は餅屋」でしょう。つまり役員でなくても、集落内を見渡してみましょう。誰か簿記記帳を仕事にしている（または、していた）人はいませんか？　パソコンが堪能な人はいませんか？　例えば農協や銀行、会社の経理をしている人なら何も難解な事態ではありません。全てを現役員がしなければならない、と考えることが間違いだと思います。

サンファーム法養寺では役員は一切経理事務を行っていません。全て税理士にお願いしています。

複式簿記記帳と税務申告はプロの税理士がやってくれるのです。その上に、経営診断でも指導助言をいただいています。選任する税理士は農業や農事組合法人に明るいことが絶対ですが、やはりプロはプロです。税理士手当をケチる発想ではダメだと実感しています。

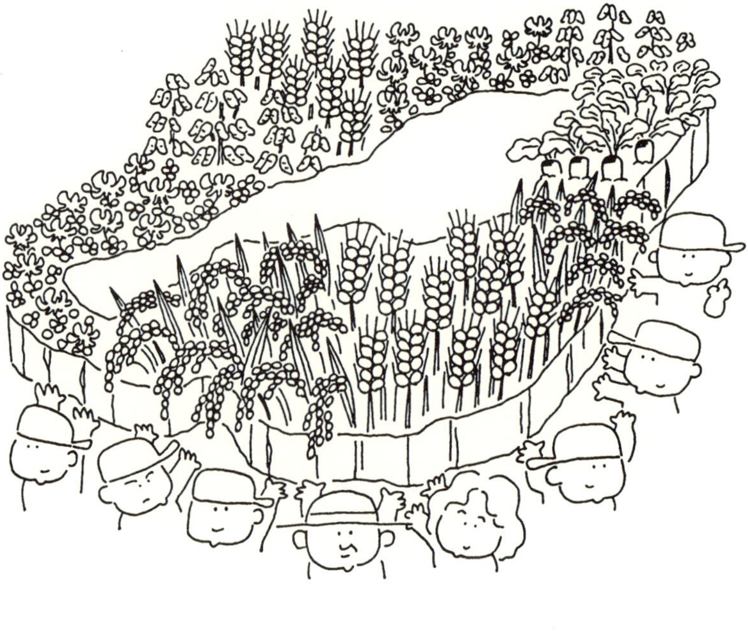

最近、米価が低迷してきて、とても「儲かる集落営農」とはならないかもしれませんが、「赤字を出さない集落営農」にはしなければなりません。目先の記帳事務に翻弄されて、収入を増やすことが欠落していては「何をしているのか！」ということになります。

集落営農指導とは「個別完結の不合理な農業を、合理的に改革する」ということです。つまり年配者が高額な機械を買いそろえて朝から晩までする重労働でありながら決して儲からないという事態に対して、若い人中心に大型高性能機械を使った軽作業かつ格安のコストで地域農業を守っていこう！という集落農業の一大改革をやる、という目標から目を離してはいけないということです。

コラム　9

本来はJAがやらなければならない

担い手育成の一環で「集落営農」の育成が全国で盛んです。

現場指導の最前線で活躍しているのが各県の普及指導員です。

しかし私は「この仕事はJAがしなければならない」と考えています。

その理由として「集落営農ができたのに、よく考えてみればいったいJAに何の世話になったの？」ということになったらどんなことが考えられますか？

「農協の資材は高いぞ、一般業者も含めて入札しよう」

「農協に米を売っていては損や、直接販売をしよう」

というように「農協離れ」に直結することは間違いありません。

JA幹部は農家を前に「我がJAも集落営農の育成を最重点に……」というあいさつをされることが多いものですが、はたして現場指導はきちんとできているでしょうか（もちろん全国のJAの中で優れた現場指導をされているケースも数多く知っているのですが）。

「JAの指導のおかげでうちの集落営農はできた」というのなら決して農協離れは起こらないはずです。普及サイドもこのことをはっきり認識しておかなければなりません。現場に出向くときには極力、営農指導員とセットもしくは連動して活動することです。「営農指導員も指導してくれた」という場面を設定することをぜひ考えておいてください。

同じことは農業機械販売店にも言えます。A社の販売代理店での購入を決めたら、おそらく全ての機械をその店で買うことになってしまうでしょう。後のメンテナンスのことを考えるといくつもの農機具店を使うことはあまり考えられません。

だから農機具店も「いかに集落営農に食い込むか」がカギになっていると思っています。「農機具店に集落営農を育成指導してもらった」というのなら「あんたの店でしか買えない」ということになります。

6　集落営農試案の作成様式

集落営農をやってみたいがどうすればいいのか？――次ページからは具体的な試案を作成してみましょう。法養寺で作った様式にあなたの集落のデータを入れれば、簡単に法養寺方式にもとづく「あなたの集落営農試案」を作ることができます。補助金はあてにせず、すべて制度資金の借り入れで事業実施する案です。

6-1 集落営農試案様式を使ってみよう

集落営農をやってみたいが何からどのように手をつければいいのか、悩まれる事態が多いと思います。実際、集落農業の大改革をするわけですから本当に大変です。

私は21年前に自分の集落で「営農組合」を立ち上げることができました。普及員である自分が、自分の集落でもできないのに人様の集落が指導できるか、というプレッシャーを自分にかけての結果でした。

営農組合ができて、よくよく考えてみれば「このやり方はどこの集落にも通用するのではないか」ということで、パソコンで様式を作成して現地のデータ（農家名、個々の耕作面積、必要な機械や施設）を入力したら、いとも簡単に「あなたの集落の営農試案」が作成できました。

以来、滋賀県内では200集落以上に対応したと思いますが、提示したほとんどの集落が試案に沿って集落営農を開始されています。私は試案提示に1回集落を訪問するだけです。おそらく2回以上行った集落は数えるほどしかないと思います。世間では「何十回も足しげく通ったのに暗礁に乗り上げて…」という話をよく聞きますが、指導回数が問題ではありません。「いかにわかりやすいヒントを与えるか」が問題なのです。

「そうか！　こうすればできるんだ！」と理解されれば、集落独自で創意工夫をこらして集落営農設立に向けて、自主的な努力が展開されます。「普及員が足しげく通う」ということは「普及員にまかせておけば何とかしてくれる」という「努力をしない集落」を作ることになるということをご理解ください。

注意していただきたいことは、いきなり集落の全員集会でこの試案を提示しないことです。まずは役員会で十分に検討して「集落営農をやるにはこれしかない」という役員の意志一致をみてから全員説明会を開くことです（だから役員会には何回か足を運んでください）。

もう一つの注意点は「全員参加を目指さない」ことです。どこの集落にも全体になびこうとしない人が１割前後はあります。かといって「この際、集落で何とかしてほしい」という人は７～８割はあります。だからやるべきなのです。不参加者には「途中加入」の門戸だけ開けておけばいいのです。

成立したら運営を１～２年見守ってみてください。最初の数年は様々な問題が持ち上がります。みんな初めてだから。基本は「いかに参加者から信頼される組織になるか」で、当所は個人の無理難題をつきつけられたり失敗をしたりの事態に直面しますが、あくまで「参加者の信頼確保」を最優先に運営すべきです。

とりあえず「試案」が全国で活用され「やってよかった集落営農」がいっぱいできることが私の願いです。

表５　集落営農計画

集落名　　　　集落営農計画

集落全体の水田面積（ａ）2,746.9	
農家戸数（戸）31	

			（千円）	対応事業別	
				農近代化資金	農改良資金
導入計画機械	トラクター・32PS（キャビン付）	１台	3,850	3,850	
	田植機(高速６条施肥付)	１台	2,800	2,800	
	コンバイン５条グレイン	１台	8,500	8,500	
	グレインコンテナ軽トラ登載用	２台	680	680	
	ブロードキャスター	１台	195	195	
	パワーデイスク(６連)	１台	620	620	
	水田ハロー(280cm)	１台	465	465	
	溝切機	１台	420	420	
	エアーコンプレッサー	１台	150	150	
	高圧洗浄機	１台	220	220	
					0
		計	17,900	0	17,900
施設建設	農機具格納庫 10 m× 10 m =100㎡	１棟	10,000	10,000	
			27,900	10,000	17,900

機械利用料金の設定（例）

機械	10 ａ当り利用料金			員内	員外
	作業内容	更新積立料	賃金・燃料	計	計
	荒起し	3,000	2,000	5,000	8,000
トラクター	代かき	3,000	2,000	5,000	8,000
	ならし	2,000	1,000	3,000	5,000
田植機	田植え	4,000	3,000	7,000	11,000
コンバイン	収穫	8,000	4,000	12,000	20,000
	計	20,000	12,000	32,000	52,000

（注１）更新積立料は機械更新のために積み立てる
（注２）賃金・燃料はオペレーター賃金と燃料等直接経費に充てる
（注３）員外はこの事業に参加しない農家の作業受託料

作成日時	平成 25.04.01

【資金調達計画】

◎近代化資金事業

農機具格納庫　　事業費　10,000 千円

近代化資金	1,000.0 万円の 80%
借入額	800.0 万円

◎農業改良資金事業

共同利用機械　　事業費　17,900 千円

農改良資金	1,790.0 万円の 80%
借入額	1,432.0 万円

表6　資金償還計画・更新積立計画

集落名　　　0機械導入資金の徴収および利用料徴収計画と機械更新計画

		1年目 平成16年 04	2年目 平成17年 05	3年目 平成18年 06	4年目 平成19年 07	5年目 平成20年 08
機械購入拠出	農業改良資金 借入金額　14,320		3,580,000	2,045,714	2,045,714	2,045,714
	農業近代化資金 借入金額　8,000		1,240,000	1,196,000	1,152,000	1,108,000
			2,000,000			
	償還額計 （年間の償還必要額）	**0**	**6,820,000**	**3,241,714**	**3,197,714**	**3,153,714**
	拠出額 （組合員カラ徴収スル金額）	3,500,000	3,500,000	3,200,000	3,200,000	3,200,000
	差引	3,500,000	−3,320,000	−41,714	2,286	46,286
	累計	3,500,000	180,000	138,286	140,571	186,857

			1年目	2年目	3年目	4年目	5年目
機械利用	トラクター ¥8,000	利用面積 ha		**4**	**5**	**7**	**10**
		利用料（円）		320,000	400,000	560,000	800,000
	田植機 ¥4,000	利用面積 ha		**4**	**5**	**7**	**10**
		利用料（円）		160,000	200,000	280,000	400,000
	コンバイン ¥8,000	利用面積 ha		**4**	**5**	**7**	**10**
		利用料（円）		320,000	400,000	560,000	800,000
	計		**0**	**800,000**	**1,000,000**	**1,400,000**	**2,000,000**

		1年目	2年目	3年目	4年目	5年目
機械更新	トラクターの導入					
	田　植　機の導入					
	コンバインの導入					
	その他（アタッチや修繕等）				**1,000,000**	
	計	**0**	**0**	**0**	**1,000,000**	**0**

		1年目	2年目	3年目	4年目	5年目
	累計	**0**	**800,000**	**1,800,000**	**2,200,000**	**4,200,000**

（円）

6 年目 平成 21 年 09	7 年目 平成 22 年 10	8 年目 平成 23 年 11	9 年目 平成 24 年 12	10 年目 平成 25 年 13	11 年目 平成 26 年 14	
2,045,714	2,045,714	2,045,714	2,045,714			17,900,000
1,064,000	1,020,000	976,000	932,000	888,000	844,000	10,420,000
3,109,714	**3,065,714**	**3,021,714**	**2,977,714**	**888,000**	**844,000**	**30,320,000**
3,200,000	3,200,000	3,200,000	2,500,000	2,000,000		30,700,000
90,286	134,286	178,286	−477,714	1,112,000	−844,000	380,000
277,143	411,429	589,714	112,000	1,224,000	380,000	

12	**15**	**17**	**20**	**20**	**20**
960,000	1,200,000	1,360,000	1,600,000	1,600,000	1,600,000
12	**15**	**17**	**20**	**20**	**20**
480,000	600,000	680,000	800,000	800,000	800,000
12	**15**	**17**	**20**	**20**	**20**
960,000	1,200,000	1,360,000	1,600,000	1,600,000	1,600,000
2,400,000	**3,000,000**	**3,400,000**	**4,000,000**	**4,000,000**	**4,000,000**

			4,000,000	**4,000,000**	
		2,400,000			
	8,000,000				
1,000,000		**1,000,000**		**1,000,000**	
0	**8,000,000**	**3,400,000**	**4,000,000**	**5,000,000**	**0**

6,600,000	**1,600,000**	**1,600,000**	**1,600,000**	**600,000**	**4,600,000**

表７　個人別拠出計画

	農家氏名	耕作 面積 B	当初 自己資金 １年目	２年目	３年目	４年目	５年目
			3,500,000	3,500,000	3,200,000	3,200,000	3,200,000
		アール					
1-1	織田信長	95.6	120,027	120,027	109,739	109,739	109,739
1-2	豊臣秀吉	3.0	25,639	25,639	23,441	23,441	23,441
1-3	石田三成	78.8	102,903	102,903	94,083	94,083	94,083
1-4	明智光秀	214.6	241,326	241,326	220,641	220,641	220,641
1-5	徳川家康	176.2	202,184	202,184	184,854	184,854	184,854
1-7	徳川光圀	22.2	45,209	45,209	41,334	41,334	41,334
1-8	徳川吉宗	3.0	25,639	25,639	23,441	23,441	23,441
2-3	毛利元就	55.7	79,357	79,357	72,555	72,555	72,555
2-5	武田信玄	159.8	185,467	185,467	169,570	169,570	169,570
2-6	上杉謙信	84.5	108,713	108,713	99,395	99,395	99,395
3-1	真田昌幸	3.7	26,393	26,393	24,131	24,131	24,131
3-2	真田幸村	179.7	205,752	205,752	188,116	188,116	188,116
3-4	T	66.8	90,671	90,671	82,899	82,899	82,899
3-5	U	35.0	58,257	58,257	53,263	53,263	53,263
3-6	V	72.9	96,889	96,889	88,584	88,584	88,584
3-7	W	155.2	180,778	180,778	165,283	165,283	165,283
3-8	X	46.6	70,081	70,081	64,074	64,074	64,074
3-9	Y	8.4	31,143	31,143	28,474	28,474	28,474
4-2	AA	43.3	66,717	66,717	60,998	60,998	60,998
4-3	AB	123.0	147,957	147,957	135,275	135,275	135,275
4-4	AC	103.0	127,570	127,570	116,636	116,636	116,636
4-5	AD	79.2	103,310	103,310	94,455	94,455	94,455
4-6	AE	127.8	152,849	152,849	139,748	139,748	139,748
4-7	AF	78.3	102,393	102,393	93,617	93,617	93,617
5-2	AH	97.6	122,066	122,066	111,603	111,603	111,603
5-3	AI	93.0	117,377	117,377	107,316	107,316	107,316
5-4	AJ	24.8	47,860	47,860	43,757	43,757	43,757
5-5	AK	187.5	213,702	213,702	195,385	195,385	195,385
5-6	AL	91.7	116,052	116,052	106,105	106,105	106,105
5-7	AM	171.7	197,597	197,597	180,660	180,660	180,660
5-8	AN	64.3	88,123	88,123	80,569	80,569	80,569
	計	2,746.9	3,500,000	3,500,000	3,200,000	3,200,000	3,200,000

（円）

6年目	7年目	8年目	9年目	10年目	計
3,200,000	3,200,000	3,200,000	2,500,000	2,000,000	30,700,000
109,739	109,739	109,739	85,734	68,587	1,052,811
23,441	23,441	23,441	18,313	14,651	224,887
94,083	94,083	94,083	73,502	58,802	902,604
220,641	220,641	220,641	172,376	137,900	2,116,773
184,854	184,854	184,854	144,417	115,534	1,773,444
41,334	41,334	41,334	32,292	25,834	396,552
23,441	23,441	23,441	18,313	14,651	224,887
72,555	72,555	72,555	56,683	45,347	696,070
169,570	169,570	169,570	132,477	105,981	1,626,814
99,395	99,395	99,395	77,652	62,122	953,567
24,131	24,131	24,131	18,852	15,082	231,503
188,116	188,116	188,116	146,966	117,572	1,804,737
82,899	82,899	82,899	64,765	51,812	795,314
53,263	53,263	53,263	41,612	33,290	510,995
88,584	88,584	88,584	69,206	55,365	849,853
165,283	165,283	165,283	129,127	103,302	1,585,686
64,074	64,074	64,074	50,058	40,046	614,708
28,474	28,474	28,474	22,245	17,796	273,168
60,998	60,998	60,998	47,655	38,124	585,204
135,275	135,275	135,275	105,683	84,547	1,297,790
116,636	116,636	116,636	91,122	72,897	1,118,973
94,455	94,455	94,455	73,793	59,035	906,180
139,748	139,748	139,748	109,178	87,342	1,340,706
93,617	93,617	93,617	73,138	58,510	898,134
111,603	111,603	111,603	87,190	69,752	1,070,692
107,316	107,316	107,316	83,841	67,073	1,029,564
43,757	43,757	43,757	34,185	27,348	419,798
195,385	195,385	195,385	152,645	122,116	1,874,475
106,105	106,105	106,105	82,894	66,315	1,017,941
180,660	180,660	180,660	141,141	112,913	1,733,210
80,569	80,569	80,569	62,945	50,356	772,962
3,200,000	3,200,000	3,200,000	2,500,000	2,000,000	30,700,000

6-2 入力の方法

① 表7の左端欄に農家氏名をフルネームで、個々の耕作面積を入力。これで表5の左上欄「集落全体の水田面積」「農家戸数」が自動で入る。

② 表5の「導入計画機械」「施設建設」に導入しようとする施設・機械を入力。

※トラクター、田植機、コンバインがない場合は必ず導入すること。格納庫がなければ絶対に建設すること

③ 表5下の機械利用料金表は法養寺の料金表ですが、変更するのなら再入力。

④ 表6の資金償還額は自動計算されます。組合員の拠出金額は毎年の資金償還可能額を入力。

⑤ 表6中段のトラクター、田植機、コンバインの稼働計画を入力。

⑥ 表6下段の機械更新の欄に稼働計画面積に応じて導入金額を入力。

以上で完成です。

6-3 入力に当たっての注意点

1） 最初は事業費をやや多めに目論むこと

組合員に初めて提示すると「もう少し安くならないか」という値切りの話が出るからです。「わかりました。役員で再検討します」として、次回は値切りに応じて提示をします。「しかし、もうこれ以上切り詰めることは無理です」として合意形成にこぎつけることです。

2）　トラクター・田植機・コンバインはセットで導入すること

集落の農家の機械に対する困り事はまちまちです。だから水稲の主要作業ができる機械は一気に導入しておかなければ、多くの人の賛同を得ることは難しくなります。ただ最初からすべての田の作業をする機械台数は必要ありません。個人所有機械は動く間は個人が使用するのですから。

3）　今後は個人機械が壊れても個人では購入しない申し合わせをしておく

この方式は個人所有機械を10年ほどの間に共同利用機械に乗り換えていこうとするものです。だから個人所有機械が壊れて再度個人が更新すると、共同利用機械の稼働率が上がらなくなり、共同利用機械の更新ができないということになります。

個人の機械を更新させない秘訣は「営農組織がいかに早く組合員から信頼を勝ち取るか」ということで、「素早い対応」「丁寧な仕事をする」ことにしなければなりません。

4）　格納庫がなければ当初に建てておくこと

「とりあえず機械導入だけでスタート」ということになると、高額機械がブルーシートにくるまれて保管ということになってしまいます。これでは長持ちさせることはできませんし、日常の維持管理もいい加減になります。機械は作業料金収入を見込めますが建屋は金を生みません。だから最初に建てておかなければならないのです。

5）　その年の更新積立金額は組合員に返還して再拠出を

任意組合が非課税のままで更新積立を積み上げていくことはできません。したがってその年の更新積立金額は何らかのルールに基づいていったん全員に返金して同額を回収するという措置が必要になります。だから組合員はその年の返還された更新積立金額分の所得があったという税務処理になります。

6-4 最初から広範な取り組みをしないこと

集落営農ができた！　だから「都市との交流」を、「園芸品目の導入」を、「農産物加工」を、「直売所の立ち上げ」を、などと次の取り組みに着手しようとする動きがあります。

確かに大型機械の導入により労力が軽減されコスト削減につながることはあります。

しかし、できたばかりの集落営農組織の、まずは円滑な運営に徹すべきです。

稲・麦・大豆の生産を安定化させることがまずは大切です。

新たにできた組織は様々な試練が待ちかまえています。機械の不慣れによる事故や作業の失敗、栽培技術の未熟や責任のもたれ合いによる栽培の失敗、たちまち個人間の思い違いによる連携不十分など気を配っているつもりなのに極めて初歩的なミスを犯してしまうことが多々あります。

そのような問題も３年も経験すると、構成員みなに注意すべきポイン

トとして認識されます。問題を起こさないための対策も立てることができます。例えば大勢の人が出役して一気にやり上げなければならない作業や、一気にやらなくても土日ごとに消化していく作業。この作業は絶対この時期にやり遂げなければならないのなら事前にカレンダーや予定表に記入して全員が共通理解しておくといった工夫が組織の中に芽生えてきます。とにかく新たな組織は必ずと言っていいほど「初歩的ミス」を起こします。ある意味では「当然のこと」なのかもしれません。

数年を経験して「組織運営のポイントはだいたいわかった」という段階から新たな部門追加を考えていくべきです。それも、あれもこれもといわず順番に一つずつ着手していくべきです。新たな部門にトライすると、その中でまた「初歩的ミス」を経験しなければなりません。サンファーム法養寺では「米の販売」に取り組みましたが、米の保管中のネズミ被害、かび、真夏には白米中に虫発生、精米ミスで着色粒の混入など、今思えば「取引停止！」と言われかねない様々な問題に直面しました。その都度役員が相談して問題解決に当たってきました。

新たな組織が新たな取り組みを取り入れる場合、役員の負担は極めて大きくなります。役割分担をきちんとしているつもりでも、やはり最終責任は最高責任者に求められます。だから役員は十分に組織運営を体験して「これなら大丈夫」という状態を積み上げていくことが大切なのです。

「あれもこれも手広く取り組みをすることが先進的」と思ってしまいますが、実は「命取り」になりかねません。まさに「ひさしを貸して母屋を取られる」という事態にもつながってしまうのです。大切なことは、一つずつ確実にモノにしていくことだと言えます。

6-5 集落営農と認定農業者の関係

集落内に認定農業者がいると、集落営農の話が進まないとよく言われます。しかし集落内の半分以上の農家が「我が家の田は我が家で守りたい」と考えています。ということは「集落営農をやらなければならない」ということになります。そういう場合の集落営農の構築の仕方について、一つの考えを提案します。

まず、集落営農を検討する場合、

1） 認定農業者も含めた集落営農を考えること

最初から認定農業者をはずしてしまうと集落営農と認定農業者は敵対することになります。ではなく、認定農業者も含めた集落営農としてその中で棲み分けを考えることです。そのためには集落営農の原案を考えるときから集落営農の役員と認定農業者が互いの思いを十分に話し合うことです。そして認定農業者の経営方針を踏まえた集落営農に組み立てることです。集落営農と認定農業者が持ちつ持たれつの関係ができるならば最も長続きのする組織とすることができます。

2） 認定農業者との話し合いは数人の役員で対応すること

役員全員が認定農業者と話し合いをすると「圧力団体との交渉」のような場になってしまいます。これでは場合によっては、認定農業者は開き直らざるを得ない事態が想定できます。数人の役員で対応すべきでしょう。

3） 認定農業者は「集落営農絶対阻止」で望まないこと

認定農業者は「集落の農家の大切な土地をお借りして飯を食わせてもらっている」のですから集落と敵対しては経営の将来は見通せないと言

えます。集落の半分以上の農家が自分の田は自分で守りたいと考えているのですから、集落の田が全て認定農業者に集まることは例外を除いてほとんどありません。だから集落営農の中にいていかに経営を安定化させ、省力化・コストダウンを考えることが大切です。

7

農事組合法人サンファーム法養寺への発展

任意組合である法養寺営農組合を運営して13年が経過した平成17年、法人化に踏み切りました。当時、国は「これからは担い手に施策を集中させていく」との方針を打ち出し、法人や特定農業団体の育成を目指すこことになっていました。法養寺ではこの「担い手」にいち早くなって「品目横断」など新たな施策に乗っていこうとしたのです。当時、法人にまで至らなくても「特定農業団体の認定を受けるのも一つの方法」とされていましたが、特定農業団体に移行したところで、5年後には法人化することが義務づけられており、いずれ法人化を迫られるのなら「すぐさま法人化」することになったのです。

7-1 法人化する理由

1） 水田の全面委託の希望が高まってきた

営農組合を運営して10年が経過する頃から「営農組合がそこまでやってくれるのなら我が家の田をすべて預かってくれないか」という声が日増しに高まってきました。希望者の面積を合計すると10haを超えるような状況でしたが、任意組合では全面受託することはできなせん。誰か耕作者の名前を借りる「ヤミ小作」という引き受け方としても、10haもの田を預かるのには無理があります。そこで思い切って農事組合法人となって、利用権設定も行ってきちんとした形で全面受託していこうとしたのです。

10年ほどの営農組合の活動の結果、営農組合がみんなから信頼されて「全面的に預かってほしい」ということになったのです。今まで各農家では機械作業のほとんどを営農組合に任せればやってもらえたのだから、あまり田に行く必要がなく「我が家の田という意識が薄れてきた」とも言えます。だから集落営農組織が順調に運営できていけば自ずと「集落の大半が一気に流動化」につながっていくことになります。

したがって、機械の共同利用体制ができたらいずれは全面受託をしていかなければならないという心づもり（準備）はしておかなければなりません。

2）それまでの税務処理が正しくなかった

営農組合では多額の「更新積立」を毎年積み上げながら運営をしてきたのですが、そもそも任意組合が非課税のままのお金を積み上げていくことは税法上許されないことです。それにオペレータ賃金も税金を支払っていませんでした。いつまでこれを続けるのか？　やはり税務処理を適正にやるべきだということで、法人化して正確な複式簿記を記帳し専門家である税理士の指導を得ながら税務処理をすることとしたのです。

3）　平成18年から農業も「みなし課税」ではなくなる

長らく農家はみなし課税ということで耕作面積を基準に納税を行ってきましたが、いよいよ個人の記帳にもとづく自主申告に変えられることになりました。今までも納税申告時期には組合員に収入や支出を案分して一覧表を作り個々の農家で税務申告をしていましたが、今後は任意組合のままでは事務が複雑になるばかりで、その対応が難しくなることから法人化して対応することとしました。

7-2　法人化の方法

1）　営農組合員全員が法人に移行する

営農組合と法人の構成メンバーが異なる事態になると財産の所有権など難しい問題をはらみます。法人の創立総会では「法養寺営農組合を発展的に法人化するのだから全員が法人に移行すること」という議決をして全員が法人に参加することにしました。

2）　法人の出資金は旧営農組合から捻出

法人の出資金は、当時営農組合にあった250万円を全員にいったん返却し、同時に同額を法人出資金として集めることとしました。こうすることによって個人から金を出してもらわなくても出資金ができるため、反対意見もなくスムーズに決定されました。

3）　旧営農組合が所有する財産は法人が有償借り受け

旧営農組合にはトラクターやコンバインなどの財産がありましたが、償還すべき制度資金も残っていました。だから機械の耐用年数が切れるまでは資金償還に見合う金額を利用料として旧営農組合に支払い、耐用年数が経過した段階で旧営農組合が法人に無償譲渡することにしました。

4） 会計経理は税理士に任せる

農事組合法人の経理は、農事組合法人独特の詳細な特典など素人が扱うにはかなり難しい面があります。これは農事組合法人の経理実務を経験されている専門の税理士に依頼すべきだと考え、すでに県内の農事組合法人の経理を担当されていた税理士の方に経理の一切をお任せすることとしました。

一般に「税理士手当は高い」と思われがちですが、素人が農事組合法人の納税申告も含めて経理を処理するのは極めて困難です。サンファーム法養寺では必要経費を削減することよりも収益拡大の道を選びました。法人化と同時に精米機械一式を1,000万円で導入して白米販売に乗り出すことにしました。幸い近場の大型レストランに購入していただけることになり収益拡大につなげることができました。

5） 積極的に制度資金を活用する

精米機の導入に当たっては日本政策金融公庫の融資（スーパーL資金）を活用しました。一般に「借金は危険」と考えられがちですが、1,000万円のお金は今即支払うことは不可能ですが、8年分割にしてもらえば年間150万円ほどの償還で済むわけですから難しいことはありません。

法人になってスーパーL資金が受けられるようになったのは大変ありがたいことでした。以後何回も活用しています。

7-3 集落営農や法人化のメリットは？

集落営農構築や法人化を議論すると、必ず「そうするメリットは？」と聞かれます。正面切ってそう聞かれると、単純明快にメリットを羅列して「わかった！」と言わせることは難しいものです。しかし「個人完結ではもう続けられない」のはみんなの一致した意見です。

私は集落営農を樹立して13年、法人になって８年が経過しました。この経験をどれだけ振り返って反省してみても「集落営農をやってよかった」「農事組合法人にして良かった」としか思えません。

そして同じように経験してきた集落営農組織の代表者と話しても、集落営農をやろうとしてなかなか成立しない集落を見ていると「なぜこんな合理的なことができないのだろう？　と不思議」という意見で一致します。同時に任意組合のままで、個人農家の寄り合い所帯であるために、極めて難解な経理事務をこなし、お粗末な税務処理をして、「そんなことをしていて大丈夫？？？」という事例をいくつも見ます。

私は「集落営農をすれば個人完結より機械代は５分の１から10分の１で済みます」と断言します。その根拠として、法養寺営農組合を発足させるとき1,317万円の初期投資をして、そのお金は構成員から８年分割で拠出してもらい、それ以降、機械代は一切徴収していません。しかし、もしこれをやらなかったら、90 a 耕作の我が家ではトラクターや田植機、コンバイン、さらに格納庫の新築も考えたら1,000万円を超える出費をともなってきただろうと思えるからです。

また法人となった現在、会計経理は全てをプロ税理士さんにお任せしています。経理はプロの目で記帳し、税務処理をしてもらっています。だから税務上も全く心配はありませんし、農事組合法人としての特典はすべてを網羅して、最も有利となるよう対応してもらっています。経理面では大変楽をしています。

これが「集落営農」と「農事組合法人」のメリットなのです。はっきり言えることは、集落営農をやったからその良さがわかった、農事組合法人にしたからその良さがわかった、ということなのです。

メリット論を強調するということは「集落営農の良さ」や「農事組合法人の特典」を何も知らない、ということなのです。全ては「やってみればわかる」のです。メリット論はやってみてその良さがわかったときに解決します。

逆に言えば「やってみない限りメリットはわからない」ということなのです。

7-4 法人化後の経営展開

1） 米の販売

法人化と同時に精米機一式（精米機、色彩選別機、細米抜き機、自動計量器、シーラー）を導入しました。販路も何も確定していない段階での導入だったので、５人の理事があらゆる人脈を通じて販路開拓に乗り出した中で、近場のレストランが「これはおいしい米」と評価していただき一つの販路ができました。

その後、町内の学校給食センターや弁当販売店、料理屋なども開拓でき順調に推移しています。

2） 農業者以外の参加

法人に移行して、それまで義務的に出役してきた人がだんだん出役してもらえなくなりました。「法人になったのだから役員でやっていけるだろう」と思われたのではないかと考えています。結果的に５人の理事のうち常時出役できる理事は３名となって、やむなく少ない人数でも一気に作業ができる機械装備を整えるようになりました。例えば10人以上で行ってきた小麦や大豆の播種作業は１工程で播種できる播種機を導入する、稲の苗は育苗センターから購入するなどです。

その頃、集落内の非農家の定年退職者２名が様々な作業に従事してくれるようになりました。非農家の方ですからそれまでほとんど農作業経験はされていません。でも非常に楽しそうに一生懸命農作業に当たってくれたのです。

その２名を含め５名が毎日楽しく農作業に従事してきたのですが、ある日誰が言うともなく「一年中作業ができたらいいのにな」という話から、「ビニールハウスを建てたら年中作業ができる」「それならハウスを建てよう！」と、とんとん拍子にハウス建設の運びとなりました。なお、非農家退職者のうちの一人は１年後に自己都合のため参加をやめられました。

3）　ビニールハウス３棟の建設

ビニールハウス外観

用地は格納庫に近い水田で、間口7.5 mで長さが75 mというハウスを３棟建てることになりました。全く知らなかったのですが、甲良町が直売所の建設を計画しているので園芸施設に補助金が出て、同時に県からも補助金が出ることがわかりました。県と町からあわせて50%程度の補助金がいただけることとなり、ハウス建設に拍車がかかりました。急遽、ハウス補助金の申請事務にかかり悪戦苦闘の末、幸いにも補助金がもらえることになりました。

なにしろ施設園芸には全く未経験でしたので、３棟のハウスにトマト、イチゴ、キュウリを栽培しようと考えていたのですが、普及指導員から「何を考えているのですか？　そんなもの労力的に回れるはずがない」と言われ再考する有様でした。結果的にトマト１棟とイチジクを２

棟に植えることにしました。

4） ハウス建設は事後承認で

平成19年晩秋からハウス建設が始まりました。よくよく考えたら「代表理事である自分は定年まであと３年」、「勤めていたら来春からのハウス経営はどうなるのか」、新品のハウスの中は空っぽで「代表は出勤」では言い訳はできない。「よし、仕事を辞めよう」と思い切りました。

サンファーム法養寺の総会時点ではすでにハウス建設が終わってしまっていたのですが、総会では「皆様には無断でハウス建設となってしまいましたが、あくまで金銭的責任は私たちだけで持たせていただきます。私たちはいいかげんなつもりで取り組むことはしません。ちなみに代表理事である私は定年まで３年を残して３月末日で滋賀県職員を辞めハウス栽培に専念します」との話に、おそらく「一言もの申す」といった空気だったのが、「そこまで覚悟したのならしょうがない」と「暗黙の了解」が得られることになりました。

5） ハウスでトマトとイチジクを栽培

トマトは滋賀県農業技術振興センターが開発した「少量土壌培地耕」という栽培法で、ベッドに少量の土壌を入れて給水チューブで養液をタイマー灌水する方法です。３月下旬に定植して６月中旬から収穫を始め

木イチゴの実

木イチゴプリン

ます。初年度は町内の企業や施設の職員向けに訪問販売し、約100万円ほどの売り上げが得られたものの、連日の収穫や包装、訪問販売に多労を要し、音を上げてしまいました。翌年からは町内4ヶ所のトマト生産者と共同で名古屋の大手スーパーに納入することとなり現在に至っています。

イチジクは初年度、4月に県内産地で「穂木」を譲渡してもらいロックウールに挿し木をして苗の育成を行いました。6月に定植して翌年7月末からから収穫が始まりました。これは滋賀県内で3店舗を構えるスーパーに配達して販売してもらっています。

ハウスの導入によって早春から晩秋まで大変忙しく多労な毎日を送ることになりました。でも毎日新しい仕事が繰り広げられ、それなりの売り上げも得ることができて新鮮な日々を送ることができました。ただ決して順調に推移したのではなく「初心者なるが故の失敗」経験は数えられないぐらいあります。

さらに「おうみ木イチゴ」を栽培してみないかという勧めを受けて、雨よけハウスで木イチゴの栽培にも乗り出しました。これは県内の有名ケーキ屋さんで引き取っていただけることになりました。もともとケーキ屋さんの木イチゴは外国産の加工原料が主体だったのですが、今回は「地元産の特徴ある（真っ赤な色と適度な酸味）木イチゴ」としてこの店の「売り」にしたいと力を入れてもらっています。

6） 新品種「みどり豊」の生産

おうみ木イチゴを勧めてくれた育種家の人が、コシヒカリの突然変異種から選抜された新品種の米「みどり豊」を栽培してみないかと、これも勧めてくれました。コシヒカリに比べて粒がしっかりしていて粘りもあり、冷めてもおいしいというので「おもしろいのでやってみよう」と、3 haのみどり豊の栽培にも挑戦しました。説明を受けたとおり大変おいしい米でした。初年度「第12回米・食味分析鑑定コンクール」

ハウストマトの収穫期

ハウスイチジクの生育期

に出品したところ食味値86点という高得点が得られましたし、翌年のコンクールでは甲良町内の北落生産組合の「みどり豊」が特別優秀賞に輝きました。

法養寺の農家には飯用米をサンファーム法養寺から購入してもらっていますが、今では「みどり豊がほしい」という声が圧倒的になってきました。

7） スーパーL資金の活用による機械の更新

平成19年に15年間使ってきた32馬力キャビン付きのトラクターを55馬力キャビン付き2台に更新しました。また平成23年には営農組合発足以来4台目となるコンバイン更新をしました。今回は馬力アップをして85馬力キャビン付きとしたので、稲・麦の収穫は極めて快適な作

ハウストマト栽培の共同作業

55馬力キャビン付きトラクター納入

業となりました。

これら機械の更新は、営農組合時代の「更新積立」ではなくスーパーＬ資金を活用していますが、５年間無利息の制度は大いに助かっています。

7-5 法人化して何が良かったのか？

1） 労災保険の加入

農事組合法人は労働災害保険に加入することができます。いろいろな作業をしていると常に事故やケガが気になります。幸い今まで事故は経験していませんが、どんな事態を迎えるかはわかりません。労災保険に加入できることは大きな安心です。

2） 経理事務の合理化

任意組合では収入や費用を組合員全員に案分して通知し個人が納税するのですが、法人では法人会計一本で処理し法人として納税します。ですからありのままの記帳ができ、極めて合理的な会計ができます。

3） 消費税の還付

麦や大豆など農産物価格は大変安価なので受け取る消費税は少ないのですが、農業資材や機械など購入するものは高額なので支払う消費税は多くなります。また農事組合法人では労賃を「従事分量配当」として払うことができますが、この場合は消費税を支払ったと見なされ、支払い消費税が上回りますので、還付されることが多いのも特徴です

4） 日本政策金融公庫から借り入れ

農事組合法人はいわゆる「スーパーＬ資金」の貸付対象になります。施設や機械を導入する場合、いきなり多額の支払いは困難ですが、制度

資金を借り受け５年とか８年とかに分割して支払うのなら楽に導入することができます。

7-6 任意組合と法人はどう違うか？

集落営農組織ができた！　次は法人化か？　でも「なぜ法人にしなければならないの？」「法人になるメリットは？」など疑問は多いと思います。

法人にすると会計事務が大変楽になります。法人は一経営体ですからありのままの会計記帳（当然、複式簿記ですが）で済ませられるのに対して、任意組合は多数農家の集合体ですから税務申告に当たっては、個々の農家に所有農地面積に応じて経費も収入も案分して個人に振り分けなければなりません。この会計事務が極めて複雑で難解なものとなります。

だから、任意組合の会計担当者は申告時期が近づくと、四苦八苦して経費や収益を案分する作業をしなければなりません。しかしほとんどの

場合、役員以外はこの苦労を理解されていませんから「このままの任意組合で何がいけないのか？」と、一般組合員と役員とで全く受け止め方が違うことになります。

次いで、法人は「労災保険」に加入することができます。作業中の事故は大変心配なことですが、この保険に加入できることは大きな安心です。

法人は農地を借り受けたり購入したりすることができます。だから集落内で「我が家では農作業ができない」事態が発生しても利用権設定して借り受けて乗り切ることができます。しかし任意組合なら「誰か個人が引き受ける」対応しかできません。引き受け手があればいいのですが、「我が家の農地だけでも維持しかねているのに、人の農地まで耕作できるか！」というのが多いと思います。

また、「法人とは極めてハイレベルな組織」と捉えられることが多いようです。しかし実際には日常作業は法人も任意組合も全く差がありません。そして間違った話がさも事実のように流れています。例えば「3,000万以上の売上がなければ法人になれない」とか「法人になれば多額の税金がかかる」「消費税を取られるから法人にしたら損」等々、根拠のない噂が横行しているようです。

「法人になれば絶対に赤字は許されない」という話も聞きましたが、では「任意組合は赤字を出してもなぜ安心なの？？？」

法人化すればわかります。法人と任意組合はほとんど差がありません。「差がないのなら任意組合でいいではないか」とよく言われますが、任意組合のままでは会計事務と税務申告が問題だと言えます。

「上田にだまされて法人化した」でいいから法人化してみてください。

7-7 集落営農が施設園芸を付加した特徴と注意点

稲・麦・大豆の土地利用型集落営農組織がハウス園芸に取り組むようになりました。とにかく土地利用型作物は田植えとか播種や収穫などの時期は多忙となりますが、一年を通してみるとそんなに労力はいりません。ハウス園芸に取り組んでからは４月から11月いっぱいまでは日常管理や収穫・出荷に毎日作業があります。

ハウス園芸が多忙になっても集落営農は人数が多いので思ったより早く終えることができます。おそらく夫婦２人でやっていたら２日かかることでも５人でやれば半日で終わることができます。

そして多品目の作物に取り組むこともできます。サンファーム法養寺ではトマト・イチジク・木イチゴ・露地小菊と露地野菜など多彩な作物に挑戦していますが、何とか回れているのも人数が多いからです。

それに組織で経営しているので少々高額な機械を買うことも可能です。例えば100万円ほどするマルチ張り機やクローラタイプの防除機も購入して大変重宝しています。

一番の特徴は、みんなでやるから楽しいし、少々不安があっても「みんながいるから何とかなる」という強みがあることです。土地利用型の集落営農は若手に任せて、定年退職者がハウス園芸や直売に取り組むの

がいいようです。

注意しておかなければならないことは、稲・麦・大豆の生産性は絶対に落としてはならないということです。なので一気に多彩な作物を取り入れることは危険です。

大勢いることがもたれ合いにならないように、「誰が責任者なのか」をはっきりしておかなければなりません。

最も大切なことは、楽しい場になるようにみんなが協力することです。たいしたお金はもらえないけれど、毎日出てくるのが楽しいというのが私たちの実感です。

甲良集落営農連合協同組合の設立

8

　滋賀県犬上郡甲良町には13集落ありますが、そのほとんどが集落営農に取り組んでいます。そのうちさまざまな検討の結果、4農事組合法人を核に7集落営農組織が協同組合の設立に至りました。この協同組合は農業生産をするものではなく、共同仕入れによるコストダウン、共同販売によるスケールメリットの追求を目指そうとするもので、滋賀県中小企業団体中央会の指導・援助を受けての設立となりました。

京都新聞　2012年（平成24年）3月21日　水曜日　地域　20

甲良

4農事組合と4特農団体

全国初の連合協設立

　甲良町の農事組合法人でつくる協同組合「甲良集落営農連合協同組合」の設立式典が20日、彦根市内のホテルで開かれた。

　同組合は、「サンファーム法養寺」など4農事組合法人と「小川原生産組合」など4特定農業団体が、町産米の生産販売体制の強化を目指して今月8日に設立。農事組合法人による協同組合は全国で初めてという。

　式典では組合員の法人代表など80人が参加。協同組合の藤原新祐代表理事が「まちの発展には、農業による地域の活性化が必要。地道な努力を続けたい」とあいさつした。

　次に、上田栄一理事が設立経緯や今後の活動内容について説明し、「炭を活用した野菜の栽培にも力を入れていく」と話した。

（大西幹子）

設立式典で、参加者にあいさつをする藤原代表理事（彦根市内のホテル）▲

8-1 なぜ協同組合の設立なのか

甲良町は、もともと良食味米の産地と言われてきましたが、それまでの米生産は農協への一元出荷のため甲良の米がどのような評価を受けているのか無頓着でした。縁故米として親類縁者や知り合いに個人的に販売をすることはありましたが、大々的に販売することはありませんでした。

一方で農業用の資材が高騰する中で米価は下がる一方となり、各集落営農組織では「何とかしなければ経営が成り立たない」との危機意識を抱えていきました。それぞれ有利販売の努力をしていましたが、高値で安定販売できる売り先は見つかりませんでした。

8-2 特徴ある米生産の追求

甲良町には大規模な高温炭化プラントを建設し、町内農業者にバイオ炭を安価で供給してくれる民間企業があります。このプラントの経営者が「炭を投入すると農作物の味が良くなる、収量が向上する」と６～７

年前から町内の集落営農組織に勧めて歩きました。勧めに従って試しにバイオ炭を投入してみると確かに米の食味が格段に向上していました。

町内では徐々に「バイオ炭入りの米を売りにできないか？」ということで相談が始まりました。「明日の甲良米を考える会」という組織を立ち上げて、具体的に集落営農組織が動き始めたのです。個人栽培の米も一緒にしたのでは「バイオ炭入り」を確約するのは困難なので、集落営農組織が栽培管理したものだけに限定して扱っていこうとしたのです。

8-3 販路の検討

名古屋の大型スーパーに納入しているコシヒカリ

数年前から、町内でハウストマトを栽培する三つの集落営農組織と個人農業者がトマトを名古屋の大型スーパーに納入するようになりました。このスーパーに米も買ってもらおうという気運が高まり、スーパー関係者に何回もお願いに行きました。

もともとこのスーパーでは滋賀の米を扱ったことがないので「どんな米が来るのか心配」と言われたのですが、甲良町の生産現場に来られて乾燥調整施設や玄米保管庫を確認して、これなら少しぐらい扱ってみようということになりました。

8-4 栽培方式の統一

甲良町内では、名古屋の大型スーパーが門戸を開いてくれた以上、絶対に信頼を裏切れないという決意のもと結束が高まりました。これ以後、会議の回数を増やし栽培方式を統一するための取り組みを始めました。

栽培は滋賀県が推進する「環境こだわり農産物」認証に基づくこととし、さらに毎年10ａ当たりバイオ炭500ℓと家畜糞堆肥１ｔを必ず投入することとしました。もちろんこれらの資材を投入することによって生産費は上がってしまいますが、それ以上に「他にはない、おいしい米」として最終的には有利販売ができると考えたのです。

8-5 協同組合という法人にしたのは

スーパーへ出荷する甲良の米

名古屋の大型スーパーに初めて米を扱ってもらいました。結果は上々。９月から店頭で販売され、消費者は「おいしい！」との評価。準備した米は12月いっぱいで売り切れてしまいました。スーパーからは「消費者からどれだけ評価されても、通年店頭に並ばなくては商品ではない」とのことで翌年から３倍以上の納入が求められてきました。

いきなり３倍量を求められてもその対応は大変なことです。基本的に「コシヒカリ」を中心に納入していくのですが、品種を一本化されると収穫時の乾燥調整が回らないという問題を抱えます。作期の違うもう１品種を加えて対応してもらえることになりました。しかし、各営農組織が抱える乾燥施設のままではやはり増産は難しいのです。

初年度は「お試し」の取引となりましたが、スーパー側から「任意組合」との取引では安心できないという話があり、きちんと法人になって取引をしていこうということになりました。あわてて「法人化」を模索したのですが、この組織は「農業生産はしない」「流通販売が主業務」ということで農業関係の指導は仰げないことがわかり、滋賀県中小企業団体中央会に相談を持ち込みました。

中小企業団体中央会では説明した事情をもとに類似事例を探してもらったのですが、どうも全国的にもあまり例を見ない組織になる、ということで張り切って対応していただきました。

４つの農事組合法人が構成すれば協同組合を立ち上げることができるとのことで、ちょうど４つの農事組合法人ができていたので協同組合を発足させ、残り３任意組織は至急に法人化して正式加入することとしました。

8-6 バイオ炭の効果

農作物に「炭」を施用する効果はたくさん認められています。例えば土壌の保水性・透水性の向上、穂肥力の向上、ミネラルの補充、土の保温効果、土壌の中和作用、水質浄化、土の団粒構造促進などですが、最も大きいのは土壌中の有用微生物の増殖促進の効果です。

化学合成農薬や肥料が普及定着して、このことによる連作障害などの弊害はたくさんありますが、これらを打破する極めて有効な手段がバイオ炭の投入だと考えています。

炭を活用することは、森林や里山など木材資源が豊富な我が国にとって資源の有効活用ができます

バイオ炭を散布

炭を投入した土で栽培したタマネギ

また、今となってはほとんど活用されなくなった竹が放任竹藪となって山頂近くまで広がっているところもたくさんあります。タケノコは冬期間のイノシシなど野生獣の貴重なエサとなって有害獣を飼い育てていることにもなっています。バイオ炭の普及は森林・里山保全・河川管理とあわせて有害獣駆除にも効果を上げることができます。

8-7 さあ集落営農を始めよう！

今、日本農業は、従事者の高齢化と人数減少、荒廃農地の増加、高い農機具費や資材費、米価の低迷など極めて厳しい状況にあると言われています。しかしこの状況を打開できる方法はないのでしょうか？　たぶん、零細農家が個人完結で継続しようとするのなら無理でしょう。

私たちは21年間集落営農を継続してきましたが、このやり方ならいつまでも続けられると思っています。例えば個人で購入するなら300万円のコンバインですが、私たちは1,200万円の機械です。これを22戸が負担するのですから１戸あたり50万円程度にしかなりません。しかもキャビン付きでエアコンも効き、四隅の手刈りもいりません。この機械なら20代や30代の若手に「やってみないか」と言えばやってくれるでしょう。

それに集落内の気の合う仲間で作業をするので「楽しい」「早い」のが特徴です。個人でやっていると「困った！」ということが起こるとどうにもならないものですが、大勢がいると誰かが解決してくれることがたくさんあります。集落はいろいろな職場で活躍している、活躍してきた人々がいて、まさに「人材の宝庫」なのです。また、個人完結農業では「我が家の田のことだけ」をする個人主義であるのに対して、「集落全体の作業が終わらなければ終わったとは言えない」という集落全体主義になるので集落に活気がみなぎってくるのも大きな特徴です。

集落営農が実現すると改めて「集落営農の良さ」を実感することがで

きます。お金もかからない、重労働もほとんどなくなり、少ない人数で大面積の作業をやり終え、終わったら「格納庫で懇親会」が楽しい、若い人も喜んで参加してくれるなど個人完結農業では考えられない農業が実現できるのです。

さらに「集落営農ができて良かった」となると、次は「新たな特産物を栽培してみよう」とか「みんなで農道や用水路の整備をしてみよう」などと次なる発展につながっていけます。サンファーム法養寺では「米の直接販売」に取り組み、米の販売額向上につなげることができました。またビニールハウスを建設して「ハウス園芸」にも取り組んでいます。ハウスで穫れたトマトやイチジク、木イチゴはすべてスーパーや直売所などで販売してもらっており、これも有利販売につなげています。決して大きな儲けにまでは至りませんが、「あんたとこのトマトやイチジクはほんまにうまいなあ」という消費者の直接の声が聞けるのは「生産者冥利につきる」と実感しています。

集落営農ができたら、稲や転作の作業は大幅に削減されます。どこの集落にも60歳過ぎの定年退職者がたくさんいるはずです。このような人たちで野菜や果樹、花などの園芸生産や味噌や餅などの農産物加工に取り組むことをぜひお薦めします。まだ10年ぐらい頑張れる定年退職者が「何もしない」のはもったいないことです。このことでわずかながらも現金収入も得られるし、楽しみの場にもなり、生き甲斐のある日々を過ごすことができます。

私たちはさらに「甲良集落営農連合協同組合」を立ち上げ、7集落が共同で米の販売に取り組むようになりました。このことで集落営農組織が頻繁に会議や作業を行うようになって、集落を越えたもう一段階上の仲間作りに成功しました。集落間連携ができるとさらに広範な取り組みができます。例えばサンファーム法養寺の木イチゴの収穫は一気に大勢の人手がいるが、他集落の女性グループがアルバイト感覚で喜んで来てくれ大いに助かっています。またほかの集落で「トウモロコシを定植したいが、マルチシートを張ってもらえないか」という要請に「わかった！」とトラクターでマルチ張りを引き受ける、という具合に労力や機械の有効活用ができています。今後は各集落が競って野菜栽培に取り組むよう検討を進めています。稲・麦・大豆の生産しかなかった甲良町が、近い将来「園芸の生産地帯」となるよう大きな期待をしています。

集落営農は無限の可能性があります。法養寺のやり方はほんの一事例です。日本全国で様々な形の集落営農が実現され、そのことによって農村が明るく暮らしやすくなって、農業の未来が開け、活発な農業生産が行われるように期待しています。集落営農は集落農業の大改革ですから冒険も必要です。集落のみんなが明日の農業のために思い切って行動されることを切に願ってやみません。

あとがき

この20年余りの間、多くの視察を受け、全国各地から要請を受けて講演に出向きましたが、本当に水田を維持するのに困っている農家がこれほどあるのかと実感しました。私がする話は東北であれ九州であれ全く同じ話ですが、大変共感していただけます。ということは水田農家の困り事は日本全国共通ということなのです。

本書は40～50代のこれから地域の農業を担っていかなければならないという若い世代に読んでいただきたいと思っています。日本の農業は60～80代の高齢者で維持されていますが、高齢者は5年先、10年先を考えられない世代だと言えます。若い世代で「明日の我が集落を考える会」という組織を立ち上げ、集落の将来を考えてみてください。このままでは続かないことは明白です。

集落営農が立ち上がると、みんなが集まる機会が増えます。集落は「人材の宝庫」です。様々な分野で活躍してきた人々ですから様々な技術や知識を持っています。そのワザを集落に発揮してもらう、そしてそのワザをみんなが尊重する、そして信頼関係が生まれるのです。新しいことが実現できると次のアイデアが提案され組織が前進していき活性化されていくことになります。そのことが農業だけでなく「明るく住みやすい村づくり」につながっていくことが重要なのです。

前著『みんなで楽しく集落営農』を出版して19年が経過しました。多くの人から続編の出版を期待していただいていたのですが、ついに重い腰が上がりました。法人化もしたし、ハウス園芸も導入した、甲良集落営農連合協同組合も立ち上げた、まあネタはそろったと考えたので

す。冬場は農作業も少ないことから真剣にパソコンに向き合いました。

決して十分なものではありませんが、春に原稿をほぼ仕上げました。もしかしたら「今さら集落営農」と言われるのではないかとやや不安ながらも入稿した次第です。

発行に当たって滋賀県農業技術振興センターの海老原豊さんにカバーの絵と多数のカットを描いていただいたこと、サンライズ出版の矢島潤さんに大変お骨折りをいただいたことを厚くお礼申し上げます。またサンファーム法養寺の仲間の皆様には執筆期間中はご迷惑をおかけしたにもかかわらず快くご協力いただいたこと深く感謝いたします。最後に、滋賀県職員の定年より３年も早く退職し、家庭を全く顧みず、サンファーム法養寺の仕事に没頭した自分の気ままを支えてくれた、妻・龍子、母・ゑみと４人の娘たちに深く感謝いたします。

■著者略歴

上田栄一（うえだ えいいち）

1951 年　滋賀県犬上郡甲良町法養寺生まれ
1973 年　滋賀県立短期大学農業部卒業、滋賀県の農業改良普及員に採用
1989 年　専門技術員（乳牛）
1991 年　地域窓口担当として「集落営農指導」に従事
1992 年　「法養寺営農組合」発足
1994 年　『みんなで楽しく集落営農』出版（絶版）
2001 年　農業試験場湖北分場長：獣害の試験研究
2005 年　法養寺営農組合を法人化、代表理事就任
2006 年　農業技術振興センター普及部長
2009 年　定年まで３年を余して退職
現在　サンファーム法養寺理事として毎日農作業に従事
現住所　滋賀県犬上郡甲良町法養寺 470 番地
TEL&FAX0749-38-3257

やってよかった集《しゅう》落《らく》営《えい》農《のう》
ホンネで語る実践20年のノウハウ

2013年５月30日　第１版第１刷発行
2013年７月20日　第１版第２刷発行
2017年４月30日　第１版第３刷発行

著者……………上田栄一

発行……………サンライズ出版
〒522-0004　滋賀県彦根市鳥居本町655-1
tel 0749-22-0627　fax 0749-23-7720

印刷・製本……サンライズ出版

ISBN978-4-88325-510-8
定価はカバーに表示してあります